［韩］C2M教育研究所/编　　［韩］赵润雨/译

空间思维

培养全书

1-2 立体设计 空间认知

1级

山东人民出版社·济南

国家一级出版社 全国百佳图书出版单位

《空间思维培养全书》

图形学习法

追求快速而准确的运算、对公式死记硬背与"套用"，将这样的学习方法作为重中之重的数学教育时代似乎正接近尾声。当下，只要掌握了最基础的数学原理以及搜索引擎的使用方法，我们就可以比以往任何时候都更加轻松、简单地求解一些数学问题。尽管如此，在数学领域中仍然有很多只能依靠人类的亲身经验与独立思考，而不是通过计算器或简单的搜索才能解决的问题。

相较于数理能力或语言能力，孩子们掌握的空间能力与他们在未来的创造力、革新能力方面的关系更加紧密。这里所说的空间能力，是指对二维或三维物体进行视觉化或操作的能力。但最大的问题在于，相比其他能力来说，空间能力的学习很难在短时间内得到有效提高。

2022年版义务教育数学课程标准确立了数学课程核心素养，其中，空间观念是数学核心素养的主要表现之一。空间观念有助于孩子们理解现实生活中空间物体的形态与结构，是形成空间想象力的经验基础。不过，不同的先天能力以及婴幼儿时期相异的学习经历，自然会导致孩子们在空间能力的掌握方面出现巨大的差距。而目前的现实是，关于空间能力的学习大多只是对不同图形或空间的简单体验，没有进一步提供解决空间问题所需的方法论或更多的实践。

这种情况带来的后果，就是在掌握空间能力方面，不同学生之间的差距越来越大，最终导致一些孩子因不熟悉图形而出现惧怕学习数学的现象。

基于这样的问题意识，我们在孩子们认识、学习图形的三个阶段中，选取了培养空间能力最为关键的学前、小学阶段，针对性地研发了新型图形练习书《空间思维培养全书》。编写团队以儿童的年龄特点以及学前教育、小学课程中的核心图形原理为基础，设计了更加科学、系统的图形学习方法，将图形细分为"平面规则""图形制作""立体设计""空间认知"四大类别，循序渐进地提升孩子的空间智能，帮助孩子轻松打好数学学习的基础。

由于20世纪的人们在解决数学问题时更多地需要亲自计算，因此之前的数学教育更加侧重数理能力的学习。与此相反，在当今社会，利用空间能力来设计可知的未来将成为之后数学教育的新目标。然而，对于没有既定公式或指定解题方法的图形学习来说，许多孩子感到不知所措。我们期待《空间思维培养全书》图形练习书可以在空间能力提升方面为这些孩子提供学习指南。

第一阶段

婴幼儿～小学低年级

以教学用具等实物为主的体验式学习

第二阶段

幼儿～小学高年级

解决问题的各阶段图形类型练习

第三阶段

小学高年级～初中

提升预测空间变化的思维能力

目录

1-2 立体设计

1-2 空间认知

1级

空间思维
培养全书

1-2　立体设计

《空间思维培养全书》的结构与学习方法

· 每天花10分钟完成2页图形练习，轻松无负担!
· 每周5天进行每日练习，第5天再对每周重点图形进行巩固练习。
· 共5回评价测试，逐步提升空间能力!

每周学习内容

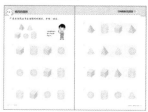

每日练习：
"小数学家"们的重点练习，通过给出的提示完成阶段性学习。

巩固练习：
复习重点内容，完成一周的学习。

第1周	第1天	第2天	第3天	第4天	第5天/巩固练习
	第4~5页	第6~7页	第8~9页	第10~11页	第12~14页

第2周	第1天	第2天	第3天	第4天	第5天/巩固练习
	第16~17页	第18~19页	第20~21页	第22~23页	第24~26页

第3周	第1天	第2天	第3天	第4天	第5天/巩固练习
	第28~29页	第30~31页	第32~33页	第34~35页	第36~38页

第4周	第1天	第2天	第3天	第4天	第5天/巩固练习
	第40~41页	第42~43页	第44~45页	第46~47页	第48~50页

评价测试内容

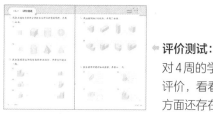

评价测试：
对4周的学习内容进行评价，看看自己在哪一方面还存在不足。

评价测试

第1回	第2回	第3回	第4回	第5回
第52~53页	第54~55页	第56~57页	第58~59页	第60~61页

观察立体图形

◆ 在右边找出与左边相同的图形，并用○标出。

立体图形的各部分不在同一平面内。

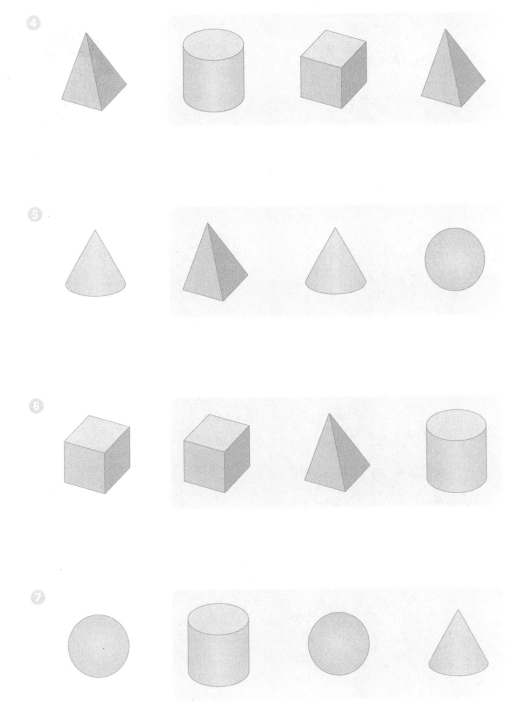

✏️ 找出2个相同的图形，并用〇标出。

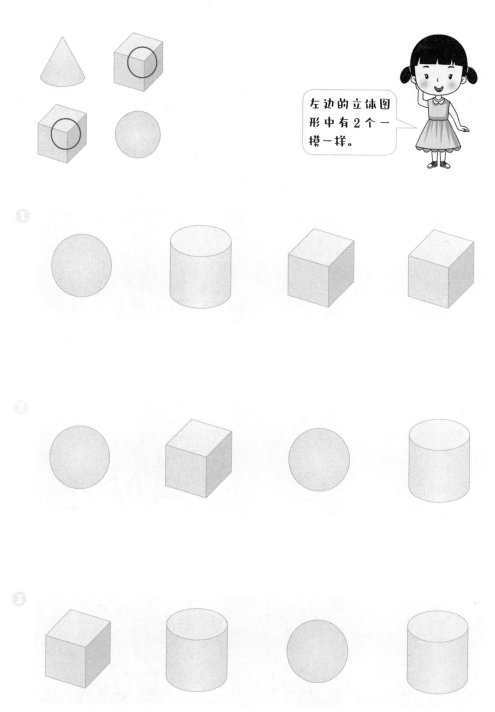

左边的立体图形中有2个一模一样。

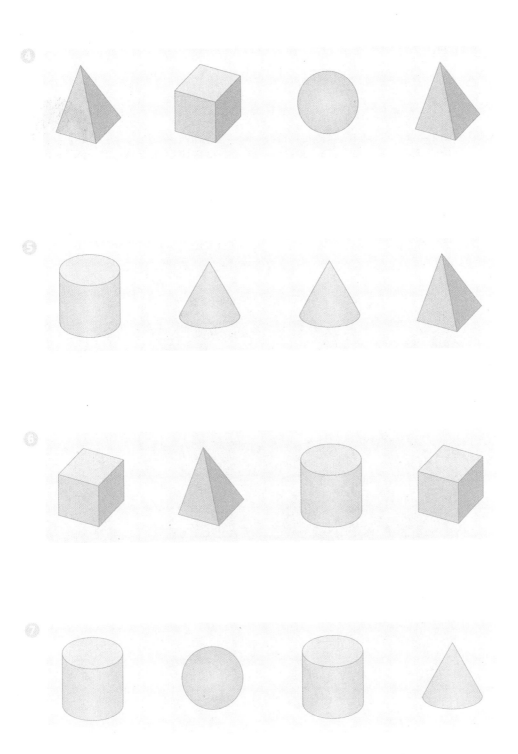

◆ 根据左边给出的部分推断出它对应的整体图形，并用〇标出。

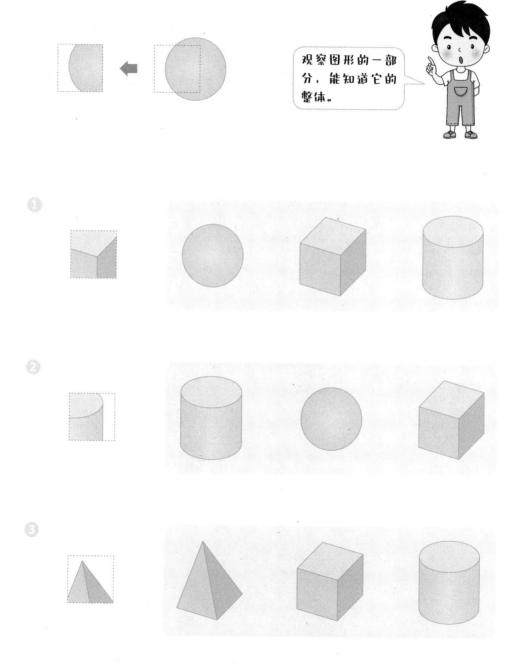

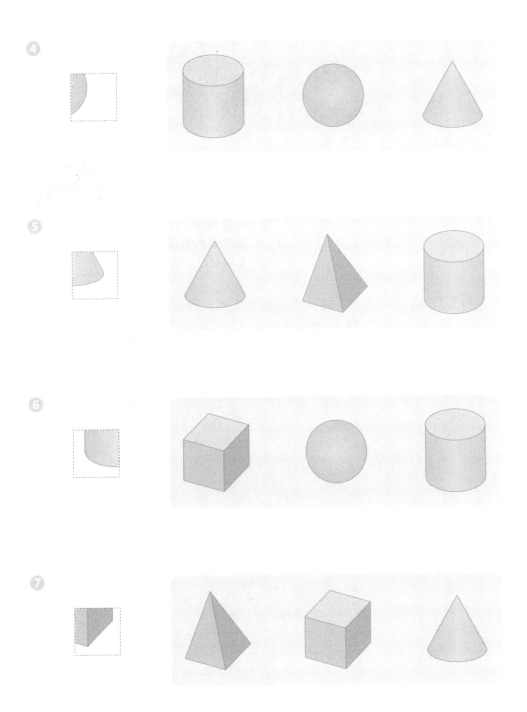

连一连

把立体图形的部分和整体连起来。

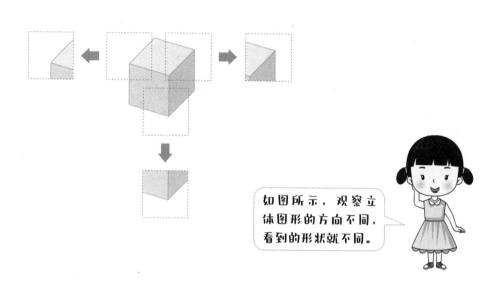

如图所示，观察立体图形的方向不同，看到的形状就不同。

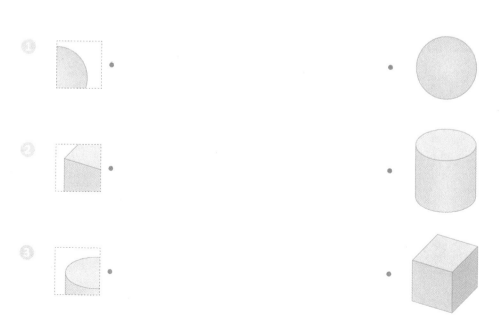

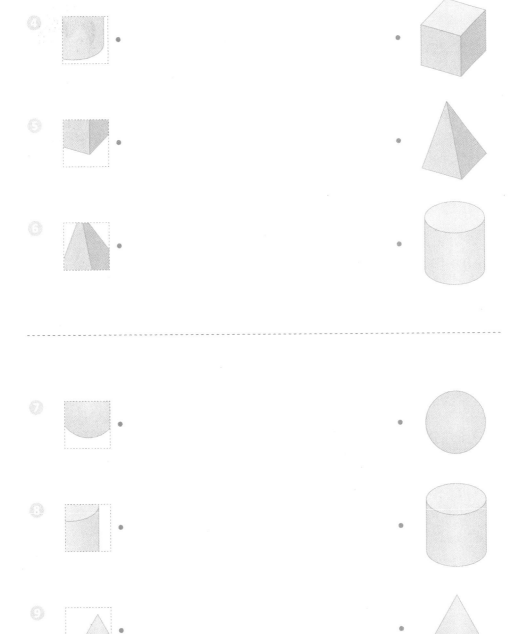

找出与其他三个不一样的图形，并用 ✕ 标出。

在四幅局部图中，有一幅和其他不一样呢。

1

2

3

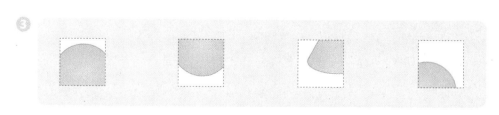

把立体图形的部分和整体连起来。

找出与其他三个不一样的图形，并用 × 标出。

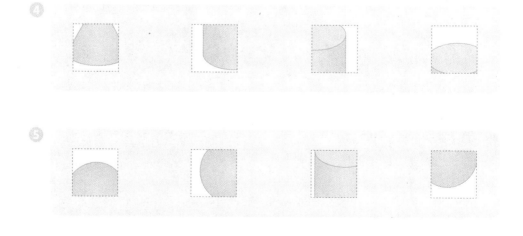

第2周

拼积木

✎ 找出左边的两个积木拼在一起的形状，并用○标出。

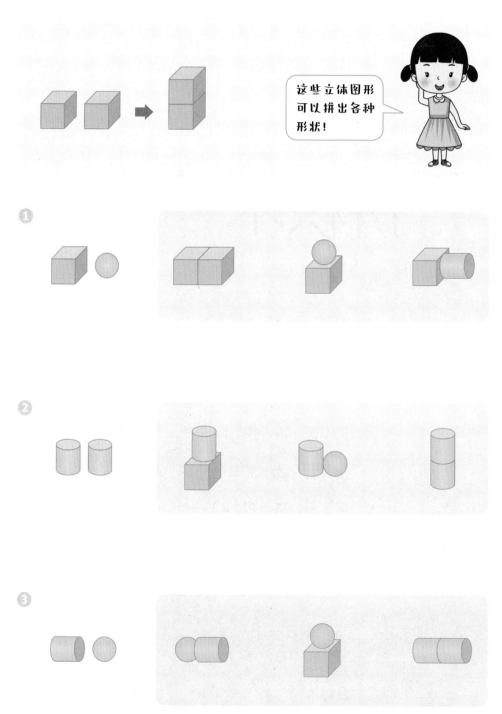

这些立体图形可以拼出各种形状！

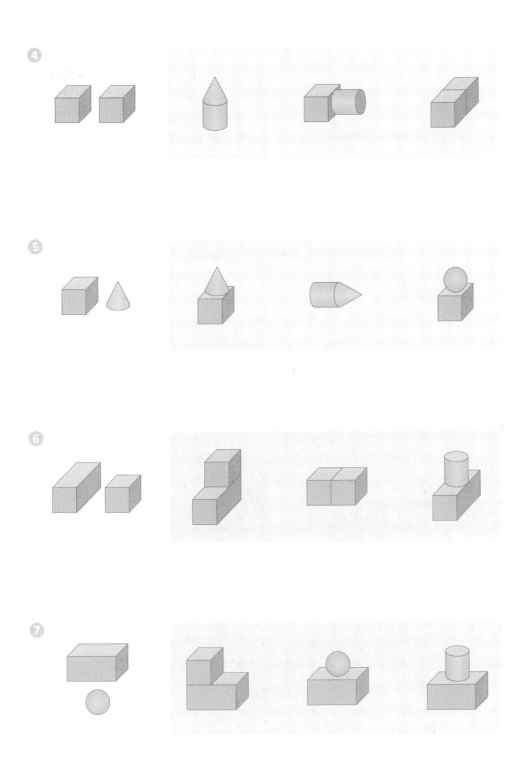

选出需要的积木

◆ 找出能拼成左边形状的2块积木，并用○标出。

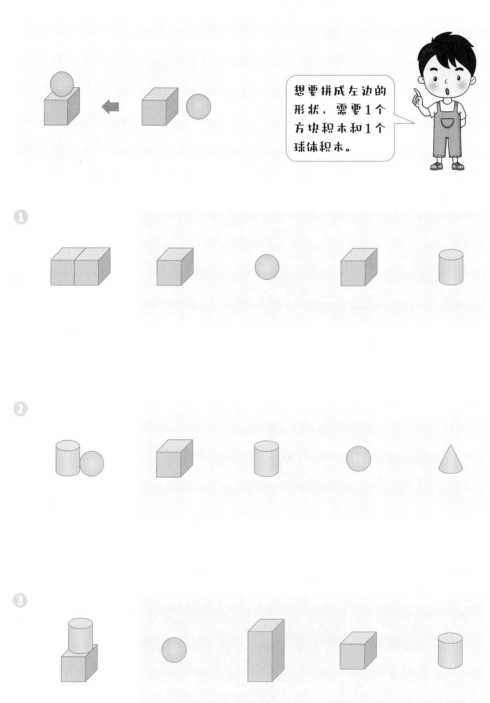

想要拼成左边的形状，需要1个方块积木和1个球体积木。

④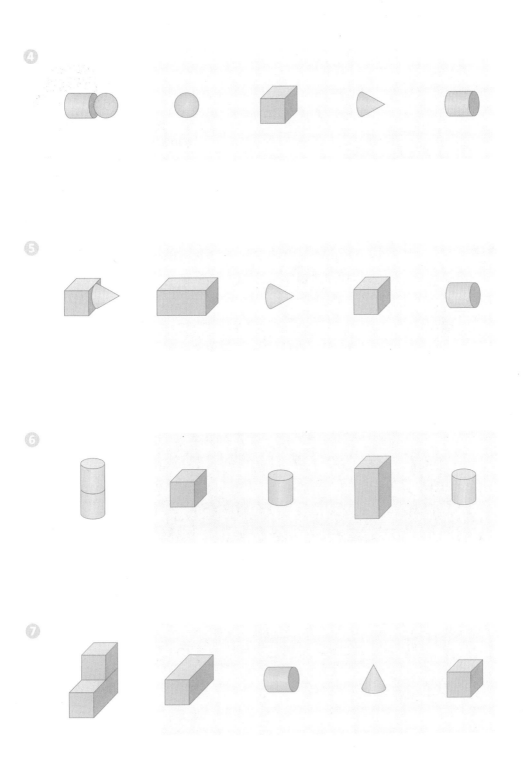

⑤

⑥

⑦

拼一拼（2）

◆ 找出左边的积木拼在一起形成的形状，并用○标出。

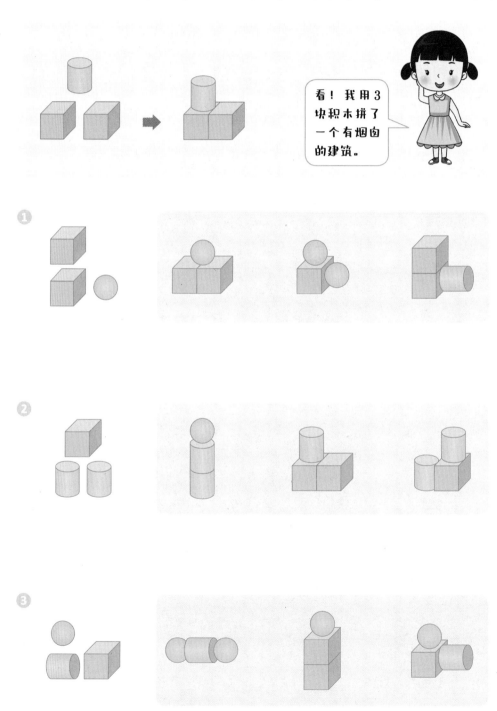

看！我用3块积木拼了一个有烟囱的建筑。

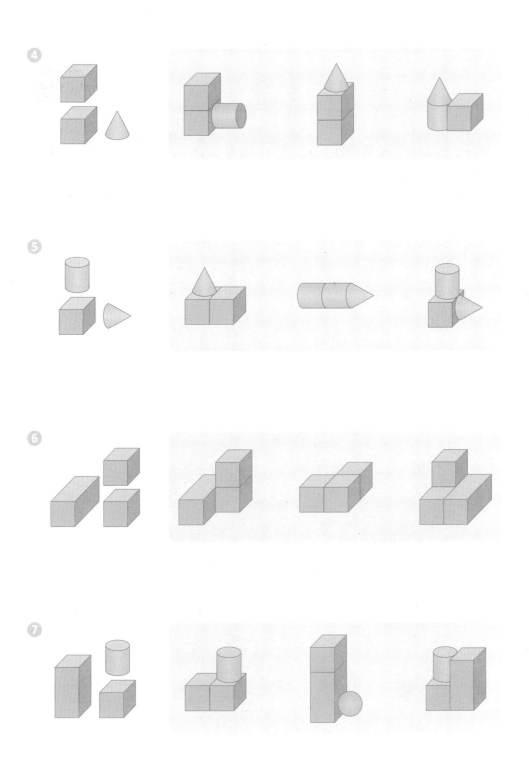

✏️ 找出拼成左边图形时不需要的积木，并用 ✕ 标出。

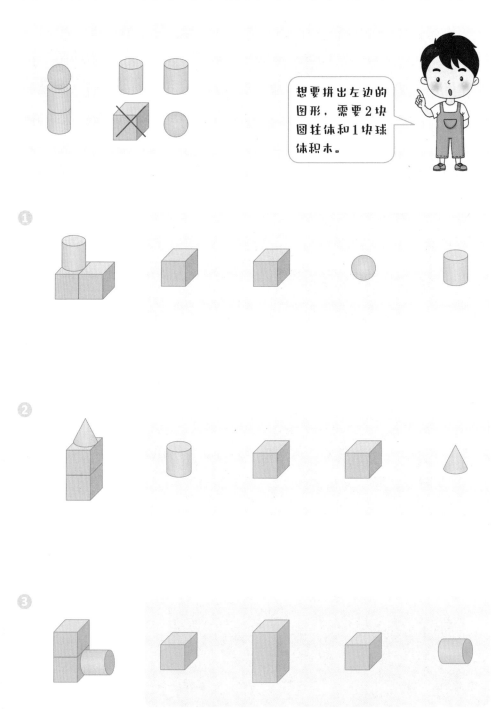

想要拼出左边的图形，需要2块圆柱体和1块球体积木。

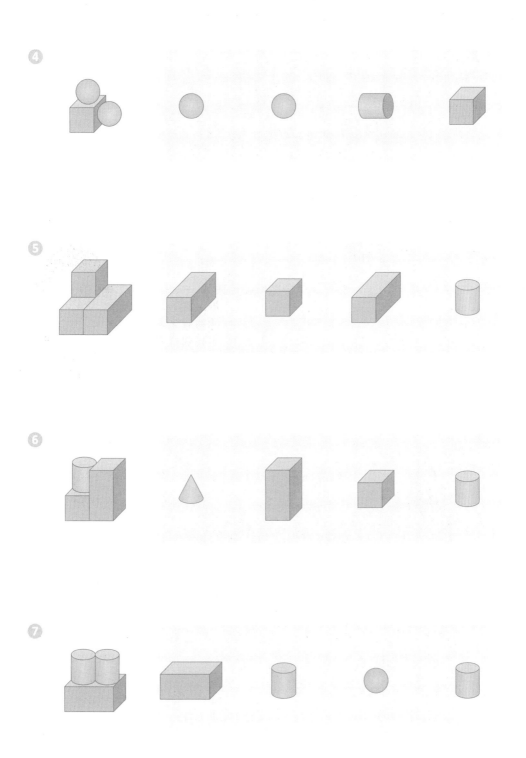

◆ 找出能够拼成相同形状的积木组合，并将它们连在一起。

即使是相同的积木拼在一起，也可以组成不同的形状哦！

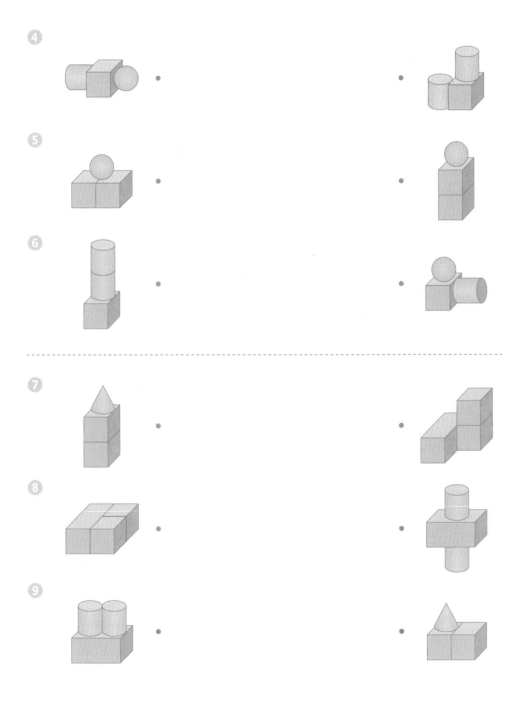

④

⑤

⑥

⑦

⑧

⑨

🖊️ 找出能拼成左边形状的2块积木，并用○标出。

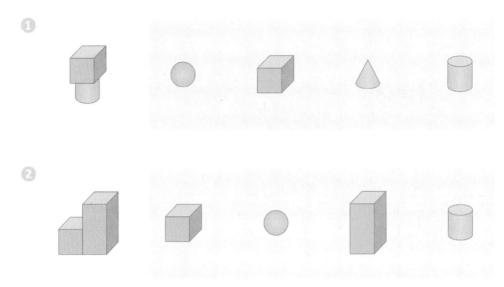

①

②

🖊️ 找出能够拼成相同形状的积木组合，并将它们连在一起。

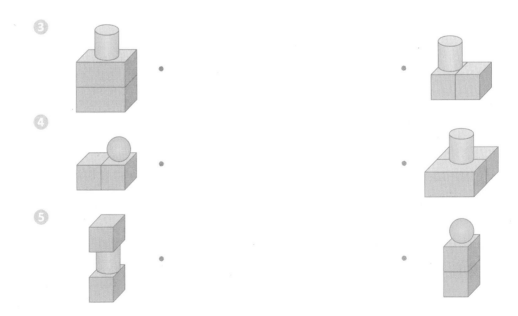

③

④

⑤

搭积木

✏️ 找出与左边相同的积木，并用○标出。

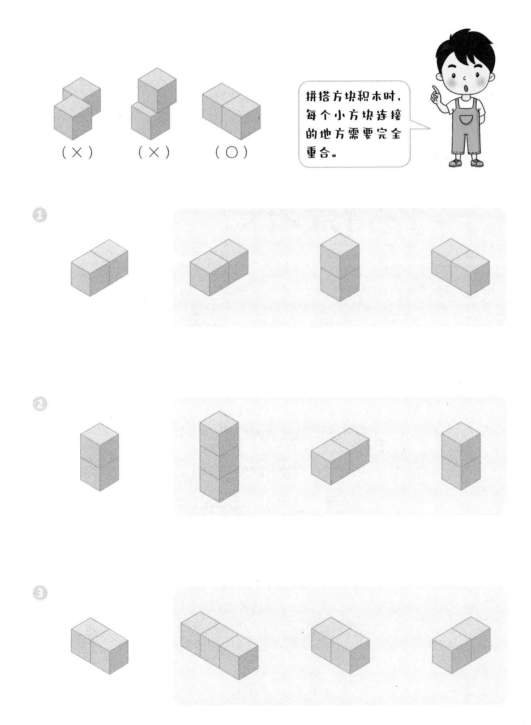

拼搭方块积木时，每个小方块连接的地方需要完全重合。

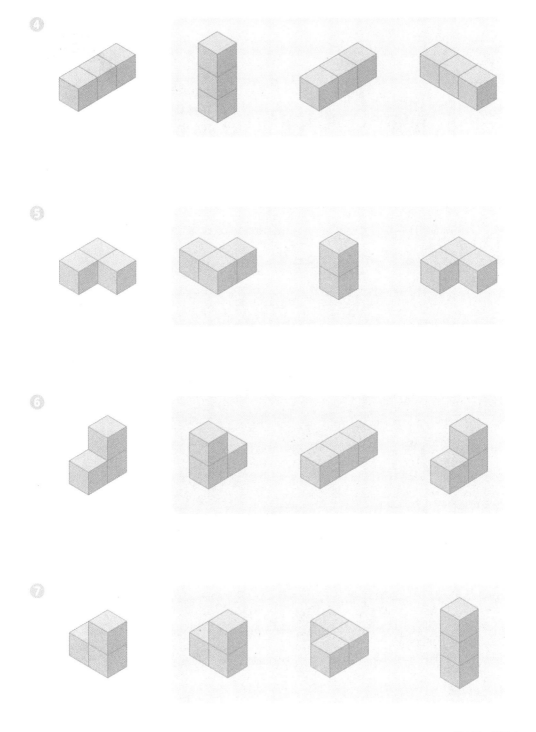

✏️ 找出相同的2个积木，并用○标出。

在左边的积木中，上下拼搭的有2个小方块。

①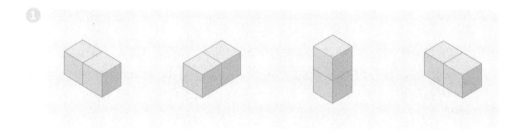

②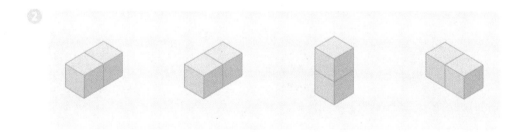

③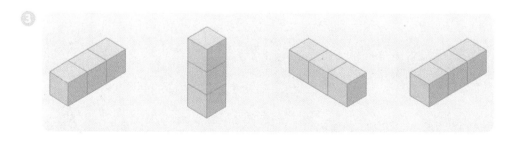

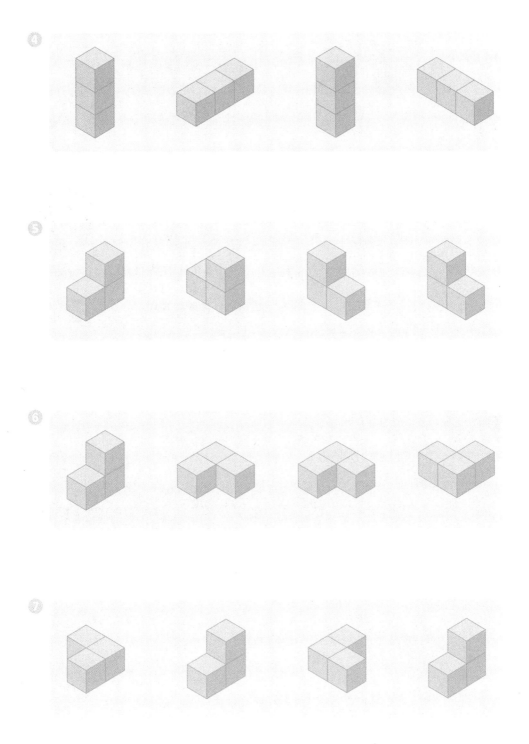

找积木，连一连

◆ 找出相同形状的积木，并将它们连在一起。

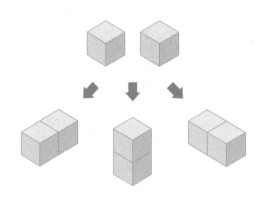

2个小方块拼在一起，可以有多种摆放方式。

❶   · ·

❷   · ·

❸   · ·

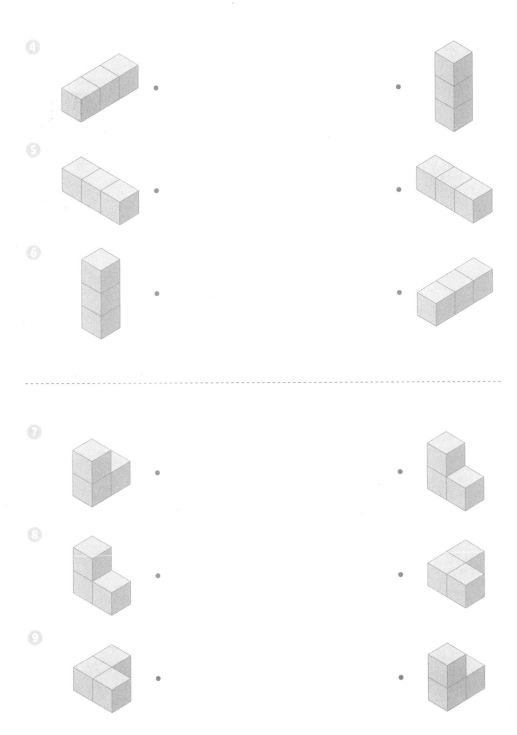

比较左右两边的积木，在右边的积木中找到多出的1个小方块，并用○标出。

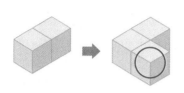

左边的积木如果多加1个小方块，就会和右边一样啦！

①

②

③

④

⑤

⑥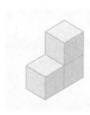

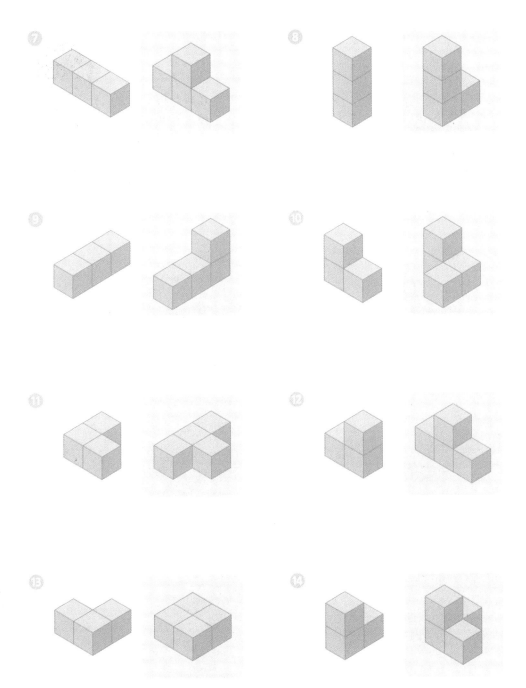

◆ 为了使左右两边的积木形状相同，用 ✕ 标出左边积木中需要减去的1个小方块。

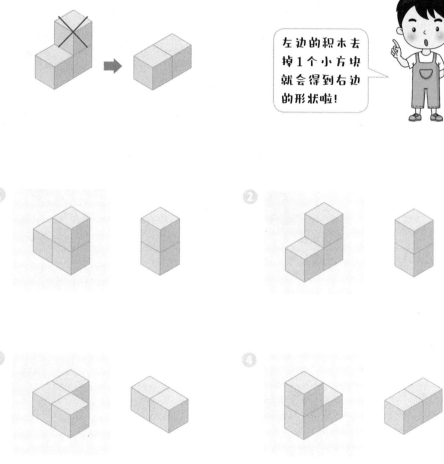

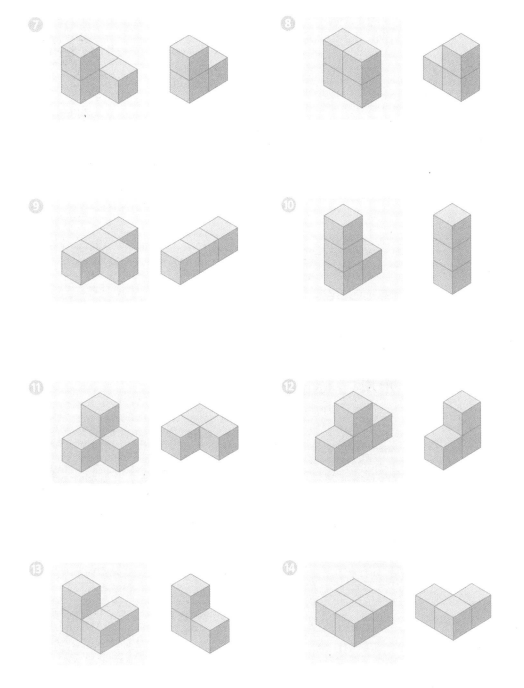

◆ 找出相同形状的积木，并将它们连在一起。

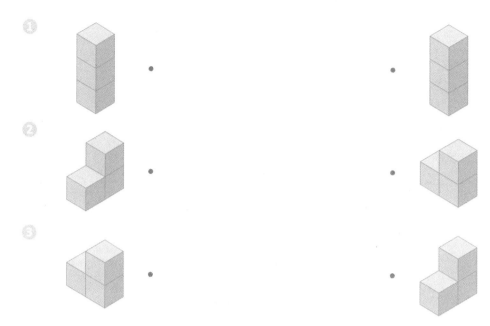

◆ 比较左右两边的积木，在右边的积木中找到多出的1个小方块，并用○标出。

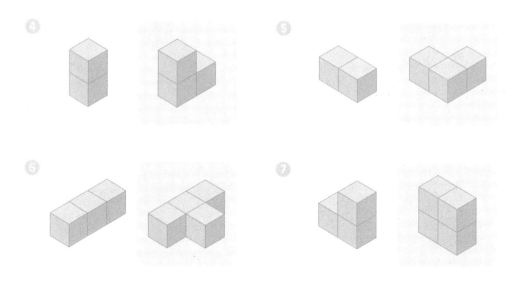

◆ 数出图中所有积木的数量，并填入 ☐ 内。

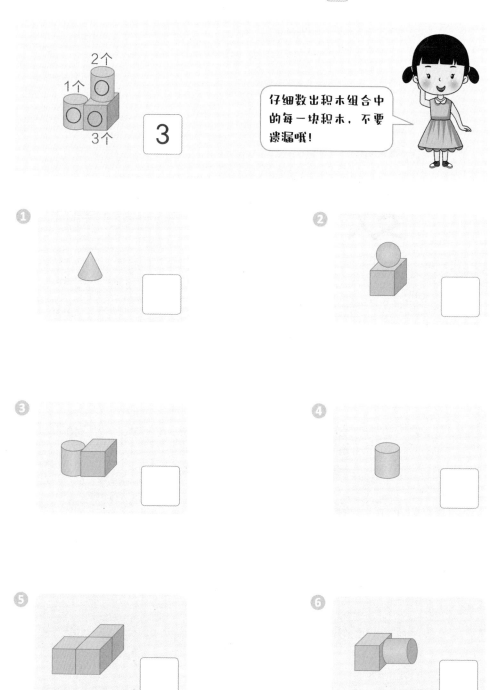

仔细数出积木组合中的每一块积木，不要遗漏哦！

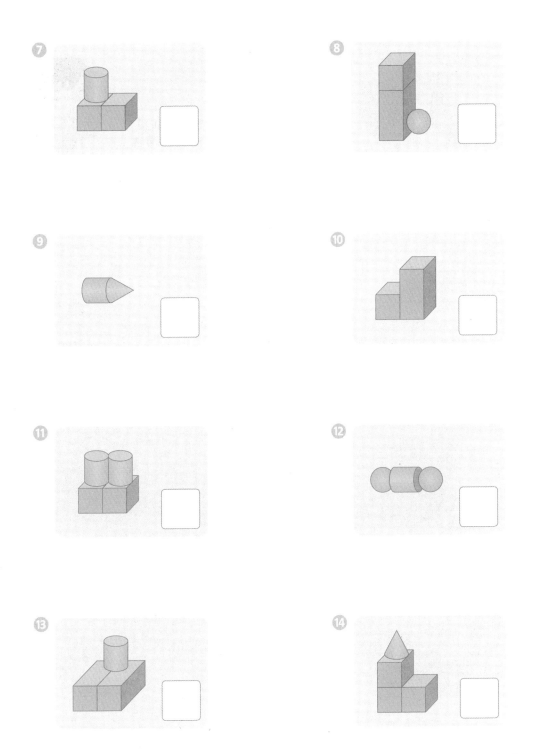

找出与其他三组数量不同的积木组合，并用 × 标出。

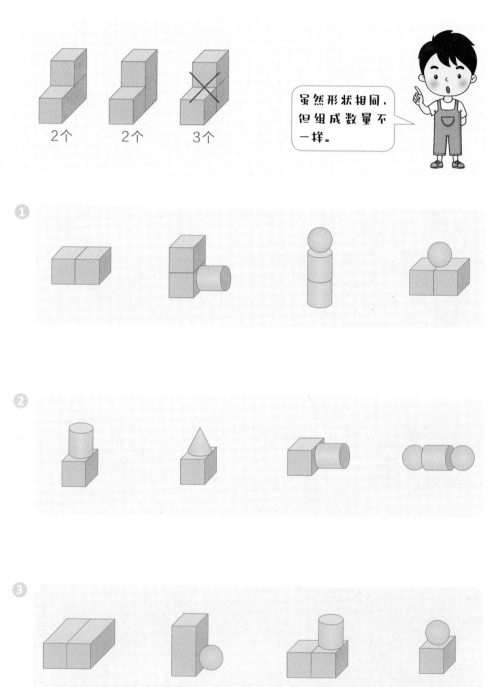

2个　　2个　　3个

虽然形状相同，但组成数量不一样。

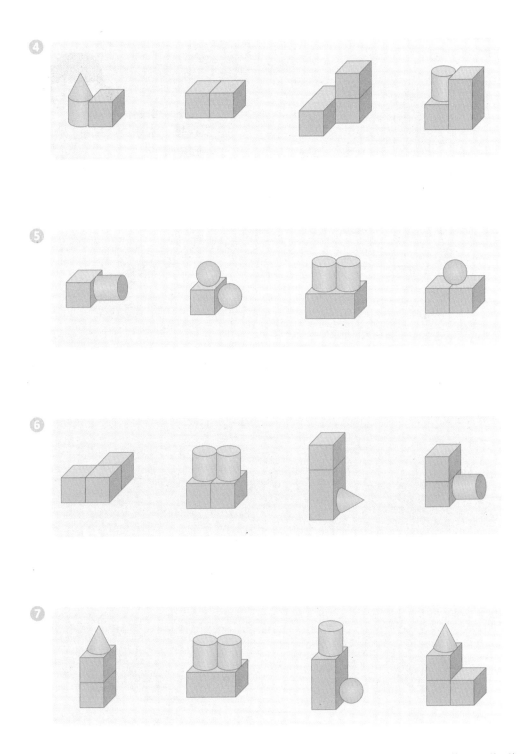

✎ 数出图中所有小方块的数量，并填入 ☐ 内。

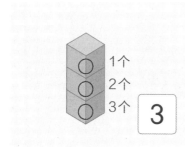

1个
2个
3个 3

一个一个耐心数，不要漏掉哦！

①  ☐

② 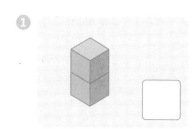 ☐

③ 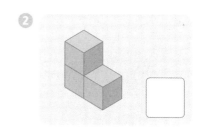 ☐

④ 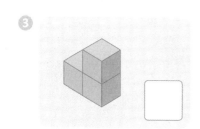 ☐

⑤ 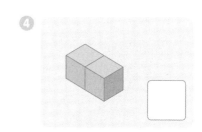 ☐

⑥ 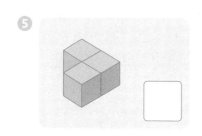 ☐

⑦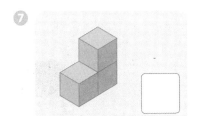

⑧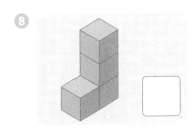

⑨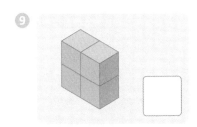

⑩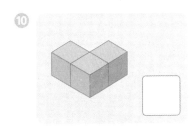

⑪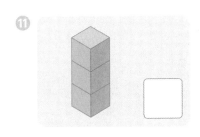

⑫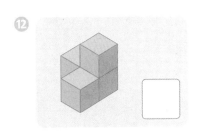

⑬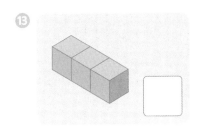

⑭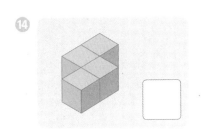

◆ 按从少到多的顺序，将代表积木组合的字母依次填入 ☐ 内。

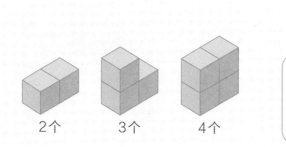

2个　　　3个　　　4个

每增加1块积木，积木组合中积木的数量就会增加1块。

① 　　a　　　　b　　　　c

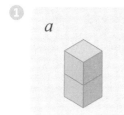 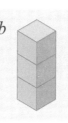 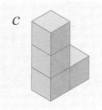

② 　　a　　　　b　　　　c

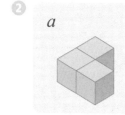 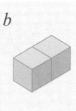 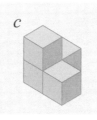

③ 　　a　　　　b　　　　c

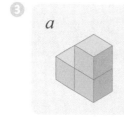 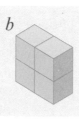 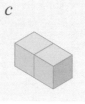

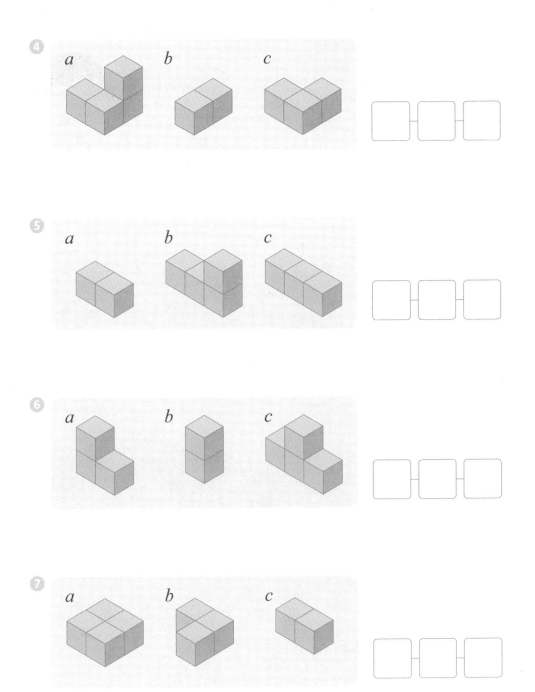

◆ 找出图中与其他三组小方块数量不同的积木，并用 ✕ 标出。

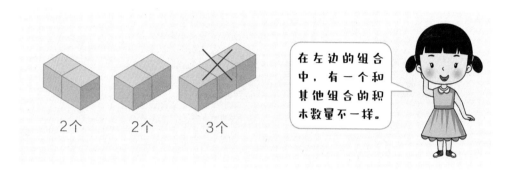

2个　　2个　　3个

在左边的组合中，有一个和其他组合的积木数量不一样。

①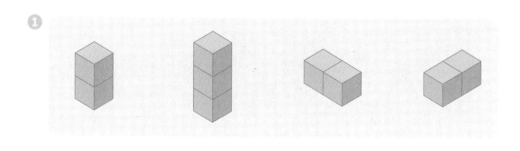

②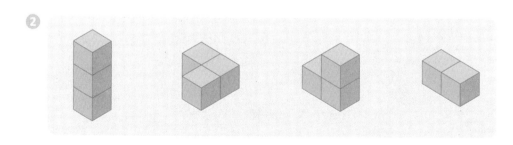

③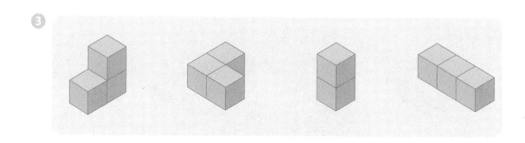

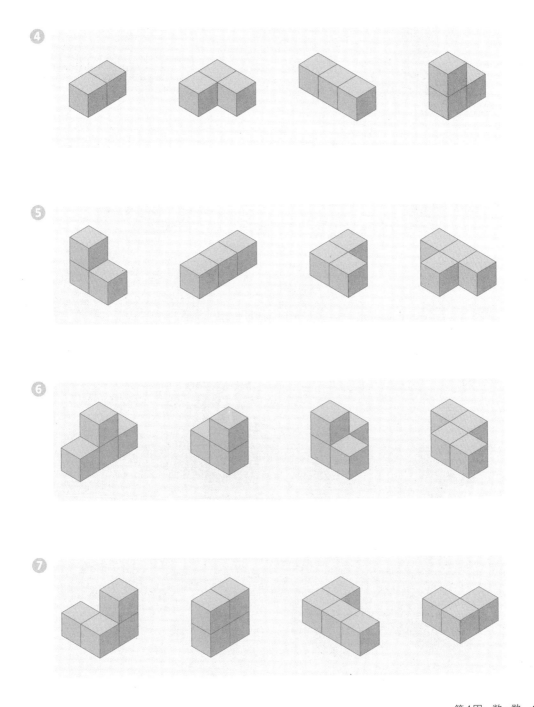

巩固练习

✏️ 数出图中所有积木的数量，并填入 ☐ 内。

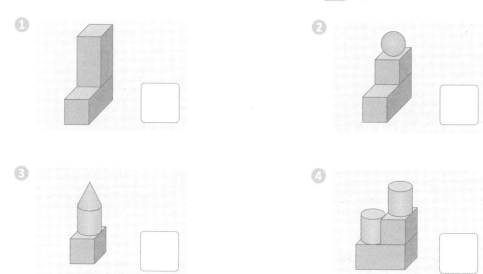

🖊️ 按从少到多的顺序，将代表积木组合的字母依次填入 ☐ 内。

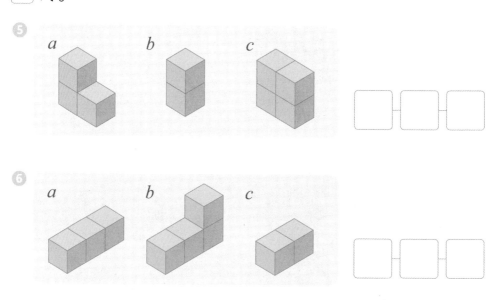

评价测试

🔍 此前4周的学习内容会出现在评价测试中。如果题目做错了，请确认是第几周的内容，并认真复习直到学会。

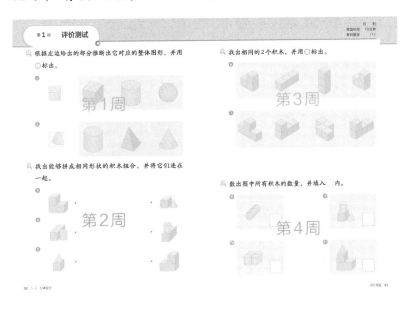

根据左边给出的部分推断出它对应的整体图形，并用○标出。

1

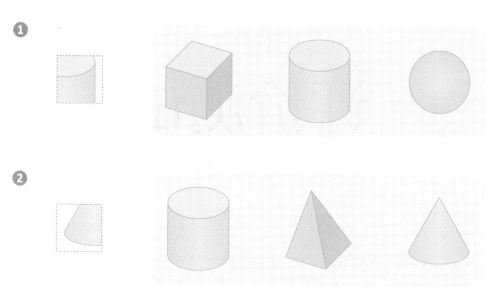

2

找出能够拼成相同形状的积木组合，并将它们连在一起。

3

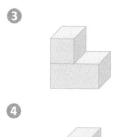 •

•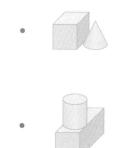

4

5

🔍 找出相同的2个积木，并用○标出。

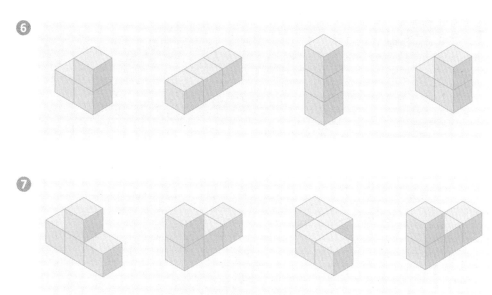

🔍 数出图中所有积木的数量，并填入 ▢ 内。

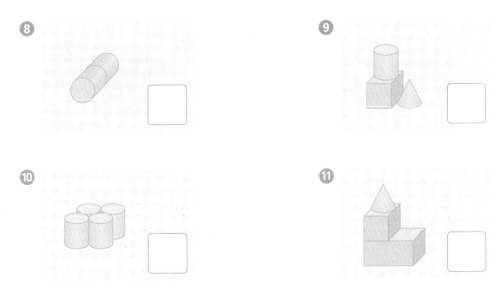

把立体图形的部分和整体连起来。

1  •

2  •

3  •

•

•

•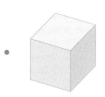

找出拼成左边图形时不需要的积木，并用 × 标出。

4

5

比较左右两边的积木，在右边的积木中找到多出的1个小方块，并用○标出。

6

7

8

9

数出图中所有小方块的数量，并填入 ☐ 内。

10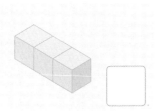

11

12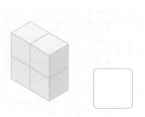

13

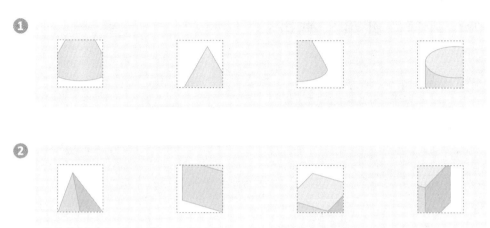

🔍 找出与其他三个不一样的图形，并用 ✕ 标出。

①

②

🔍 找出能拼成左边形状的2块积木，并用〇 标出。

③

④

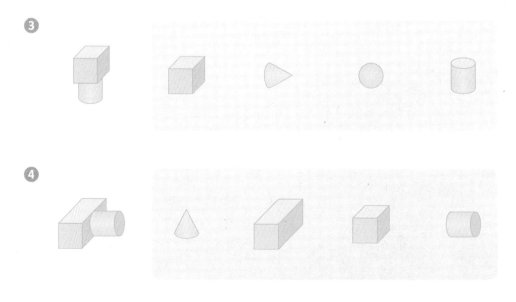

为了使左右两边的积木形状相同，用 ✕ 标出左边积木中需要减去的1个小方块。

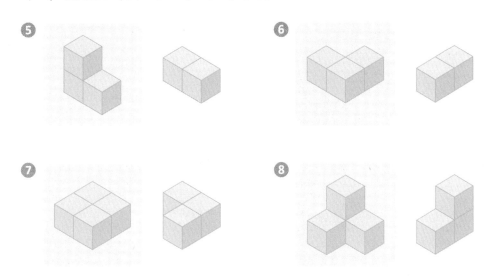

按从少到多的顺序，将代表积木组合的字母依次填入 ☐ 内。

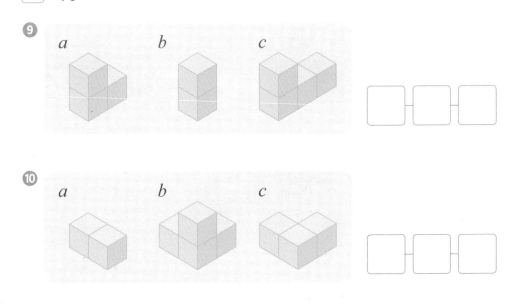

🔍 根据左边给出的部分推断出它对应的整体图形，并用○标出。

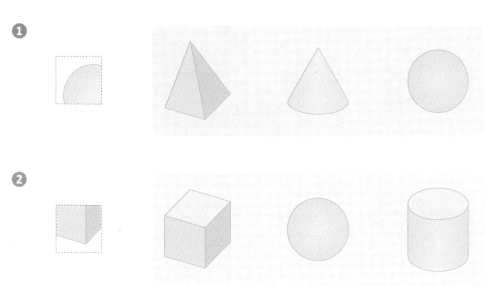

🔍 找出拼成左边图形时不需要的积木，并用✕标出。

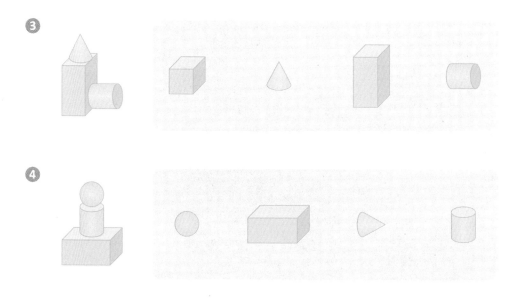

🔍 比较左右两边的积木，在右边的积木中找到多出的1个小方块，并用○标出。

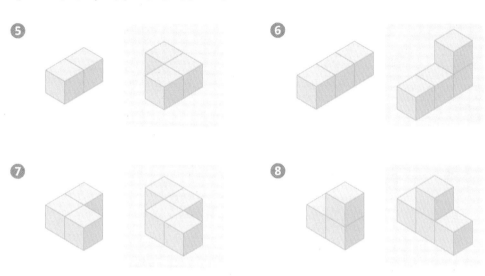

🔍 找出图中与其他三组小方块数量不同的积木，并用✕标出。

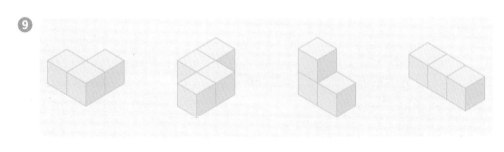

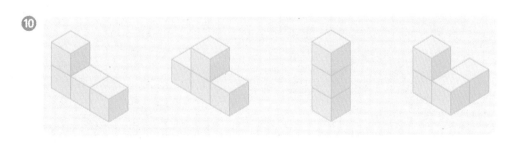

找出与其他三个不一样的图形，并用 ✕ 标出。

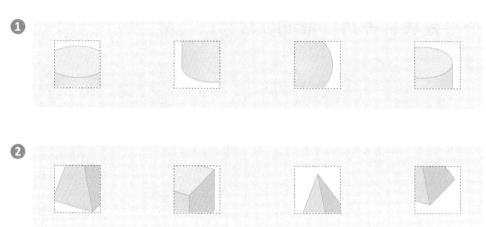

找出能够拼成相同形状的积木组合，并将它们连在一起。

🔍 找出相同的2个积木，并用〇标出。

6

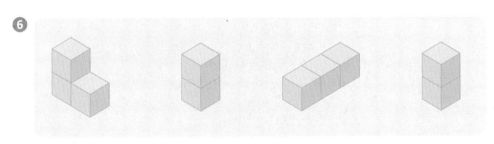

7

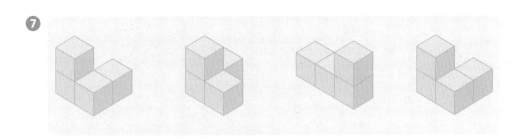

🔍 数出图中所有小方块的数量，并填入 ⬚ 内。

8

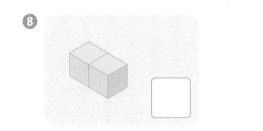

9

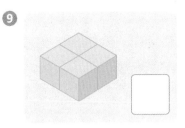

10

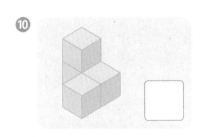

11

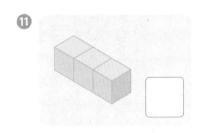

空间思维培养全书

1级

培养全书

1-2　空间认知

《空间思维培养全书》的结构与学习方法

· 每天花10分钟完成2页图形练习，轻松无负担！
· 每周5天进行每日练习，第5天再对每周重点图形进行巩固练习。
· 共5回评价测试，逐步提升空间能力！

每周学习内容

→ 每日练习：
"小数学家"们的重点练习，通过给出的提示完成阶段性学习。

← 巩固练习：
复习重点内容，完成一周的学习。

第1周	第1天	第2天	第3天	第4天	第5天/巩固练习
	第66~67页	第68~69页	第70~71页	第72~73页	第74~76页

第2周	第1天	第2天	第3天	第4天	第5天/巩固练习
	第78~79页	第80~81页	第82~83页	第84~85页	第86~88页

第3周	第1天	第2天	第3天	第4天	第5天/巩固练习
	第90~91页	第92~93页	第94~95页	第96~97页	第98~100页

第4周	第1天	第2天	第3天	第4天	第5天/巩固练习
	第102~103页	第104~105页	第106~107页	第108~109页	第110~112页

评价测试内容

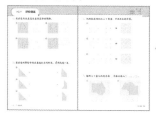

→ 评价测试：
对4周的学习内容进行评价，看看自己在哪一方面还存在不足。

评价测试

第1回	第2回	第3回	第4回	第5回
第114~115页	第116~117页	第118~119页	第120~121页	第122~123页

第1周

剪一剪

找出沿虚线剪掉的图形，并用○标出。

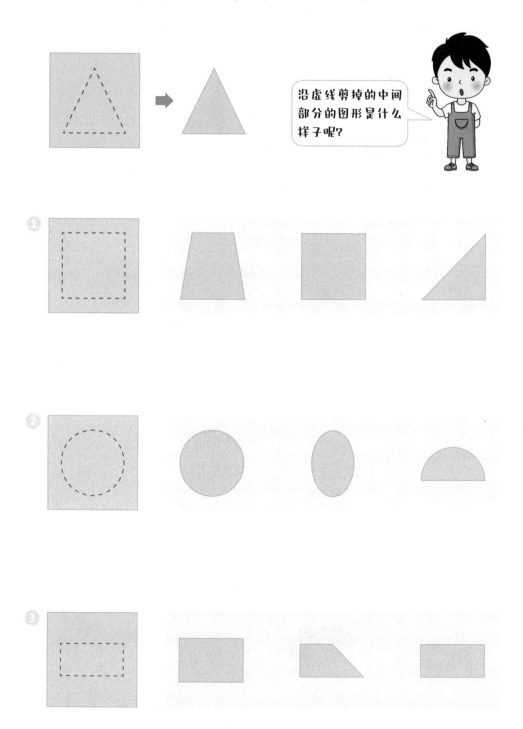

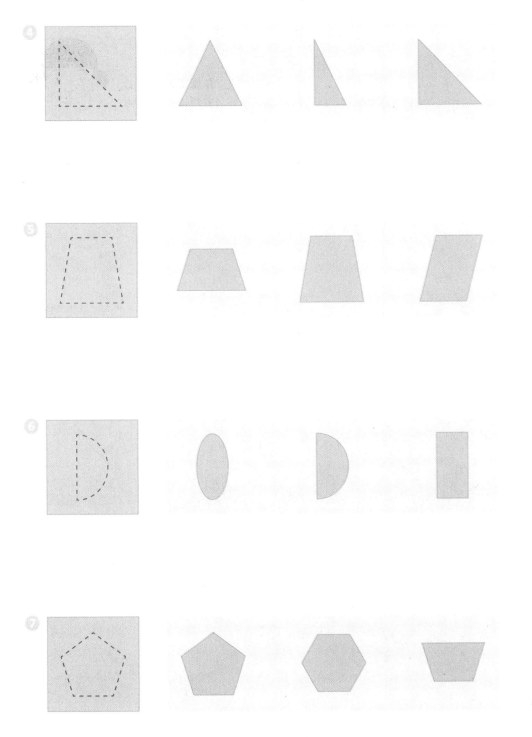

◆ 找出沿虚线剪掉中间部分后剩下的图形，并用○标出。

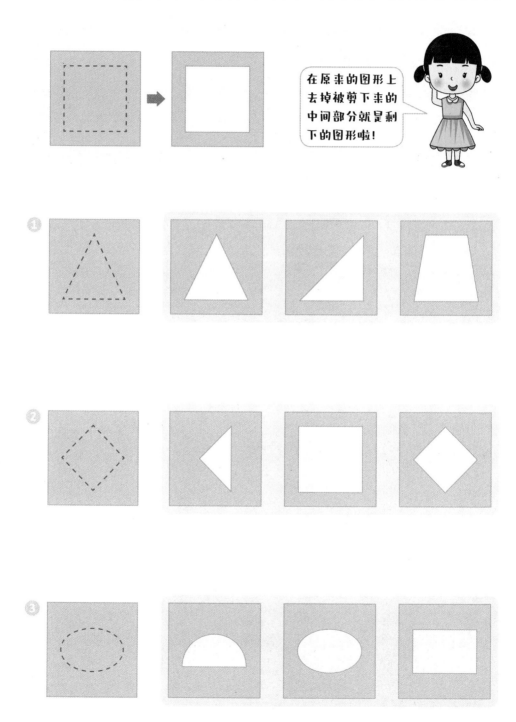

在原来的图形上去掉被剪下来的中间部分就是剩下的图形啦！

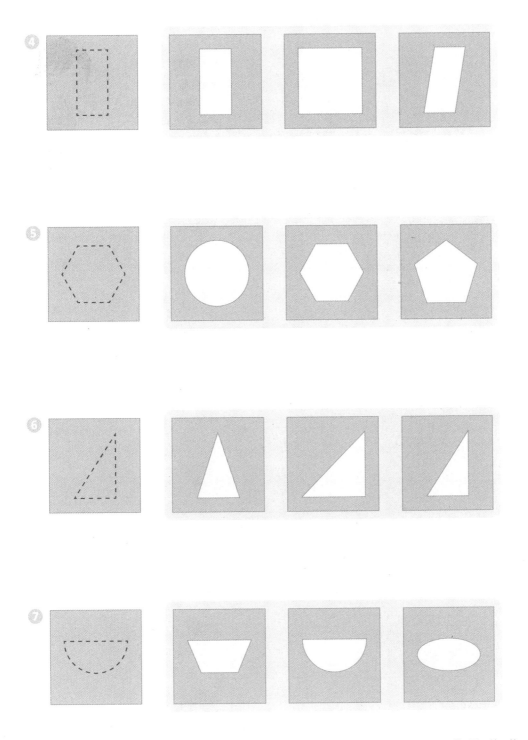

✏️ 在右边画出左边沿虚线剪掉的图形。

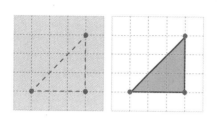

先在线段相交的地方画上一个点，再把每个点按照原来的图形连起来！

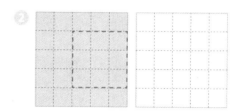

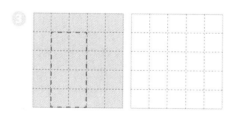

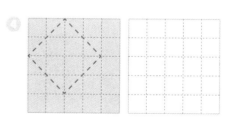

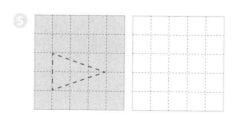

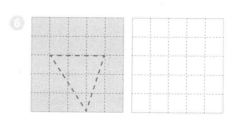

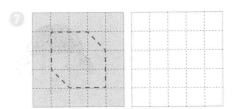

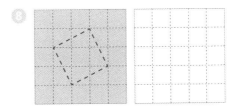

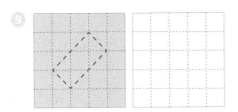

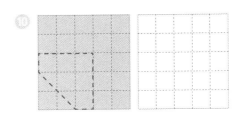

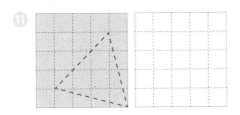

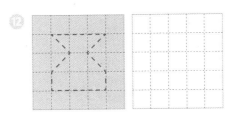

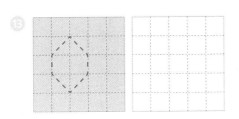

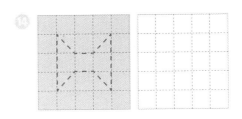

◆ 在右边画出左边沿虚线剪掉中间部分后剩下的图形。

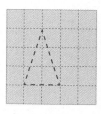 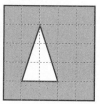

先画出要剪掉的形状，然后在外部涂上颜色就好了。

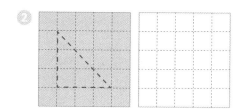

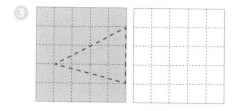

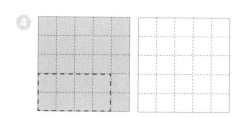

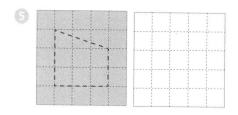

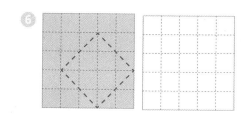

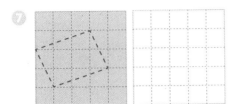

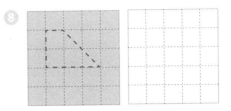

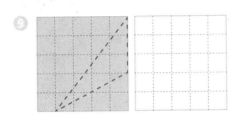

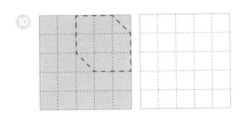

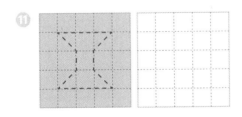

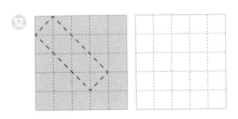

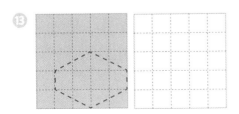

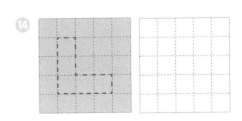

◆ 把剪下来的部分和剩下的部分配对，并用线连一连。

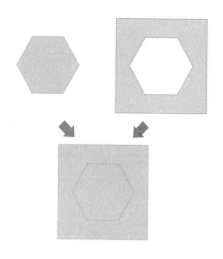

把剪掉的部分与剩下的部分合在一起，就会恢复到原来的样子了！

①

②

③

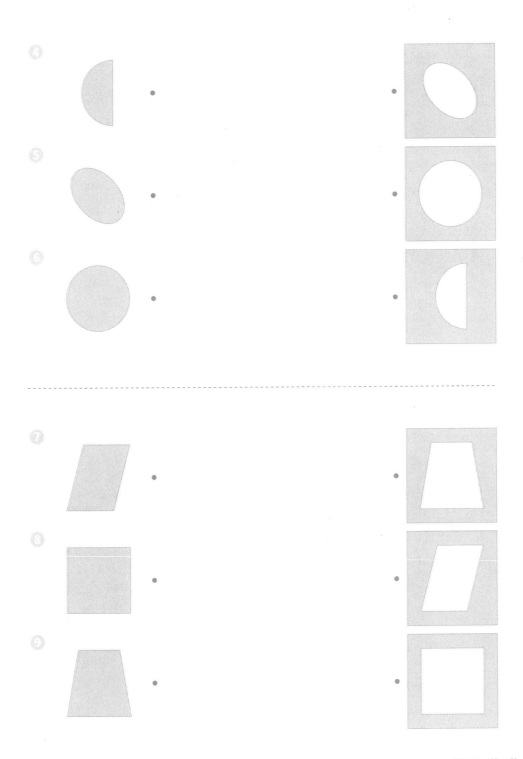

巩固练习

✎ 在右边画出左边沿虚线剪掉中间部分后剩下的图形。

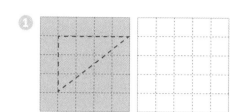 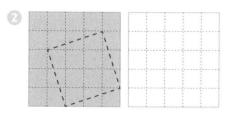

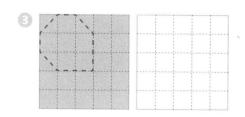 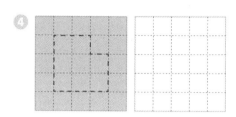

✎ 把剪下来的部分和剩下的部分配对，并用线连一连。

 　　　　　　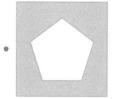

 　　　　　　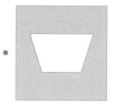

折一折

在图中找出沿虚线对折后的图形，并用○标出。

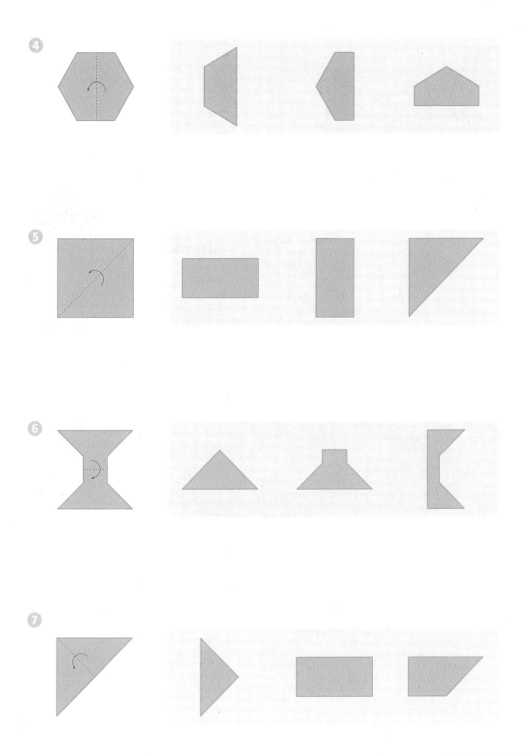

找对子，连一连（1）

在右边的图形中找出左边折出的形状，并用线连一连。

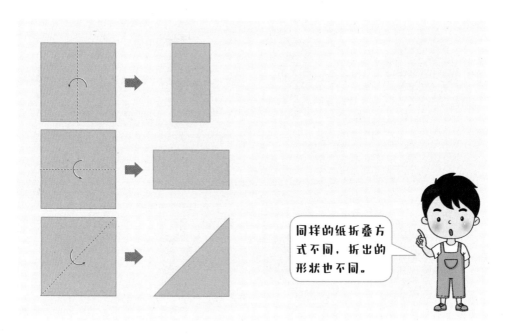

同样的纸折叠方式不同，折出的形状也不同。

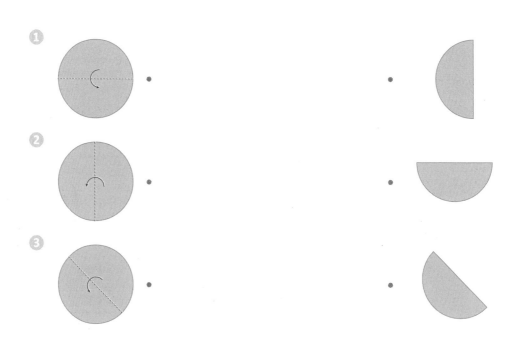

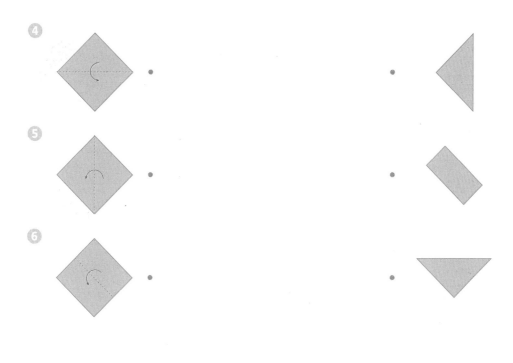

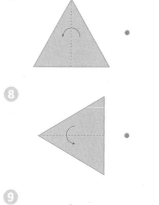

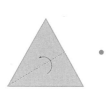

✏️ 在图中找出沿虚线对折后的图形，并用〇标出。

如果不是对折，就会有凸出来或折进去的部分。

❶

❷

❸

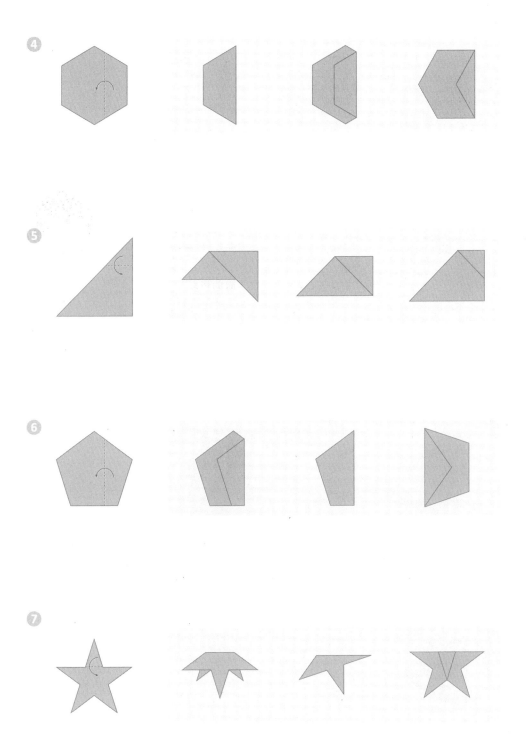

找对子，连一连（2）

✒️ 在右边的图形中找出左边折出的形状，并用线连一连。

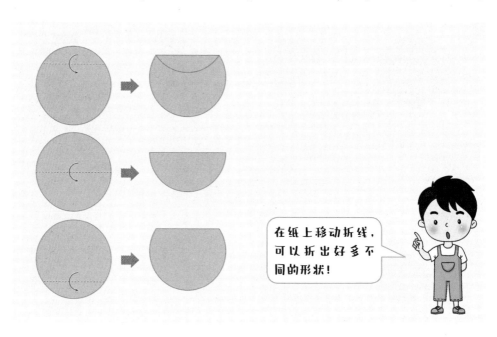

在纸上移动折线，可以折出好多不同的形状！

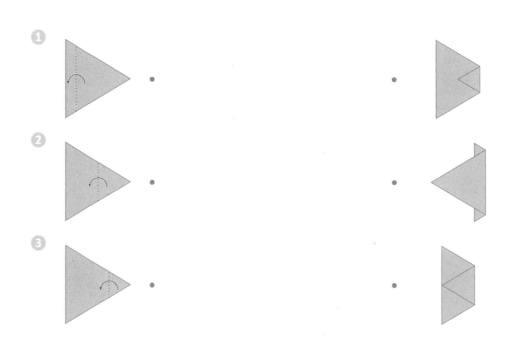

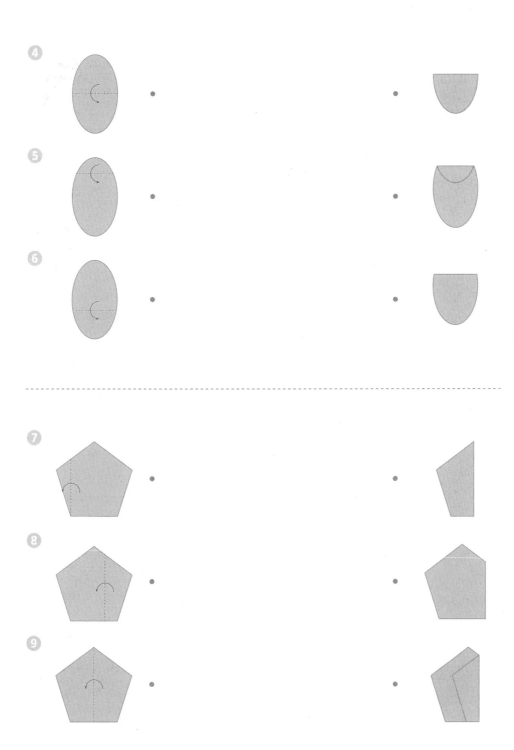

画折线

◆ 在左边的图形中画出能够折成右边形状的折线。

把右边图形平移到左边，左右下三边对齐，就能画出折线啦！

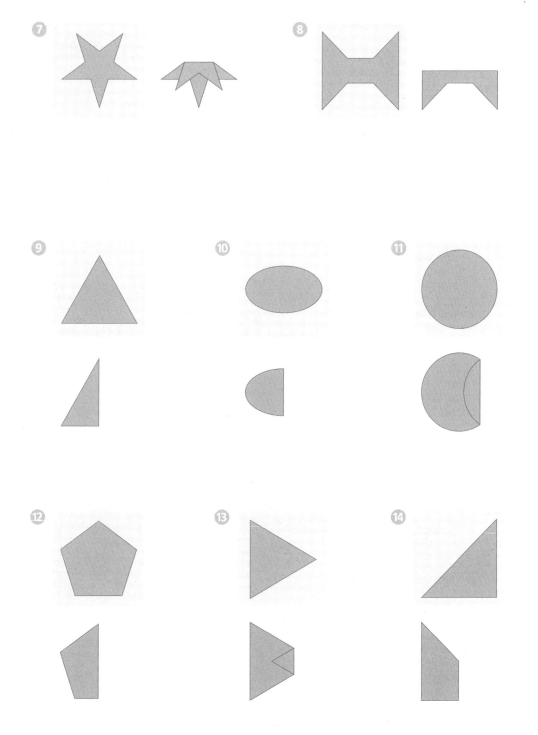

巩固练习

✏️ 在右边的图形中找出左边折出的形状，并用线连一连。

①  ·   ·

②  ·   ·

③  ·   ·

✏️ 在上边的图形中画出能够折成下边形状的折线。

④    ⑤    ⑥

第3周

叠一叠

✏️ 把两张透明的纸上下重叠，并画出点的位置。

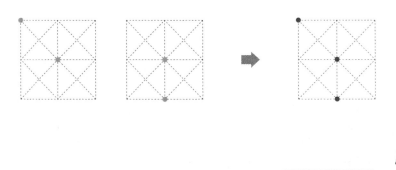

同一个位置的点重叠在一起了。

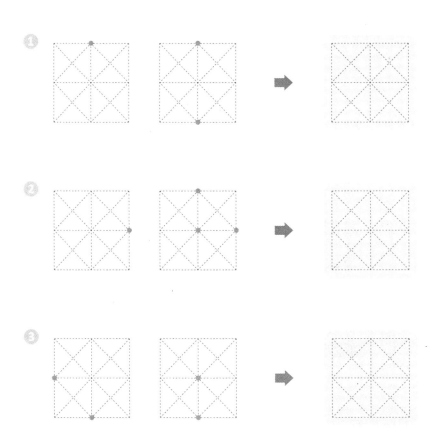

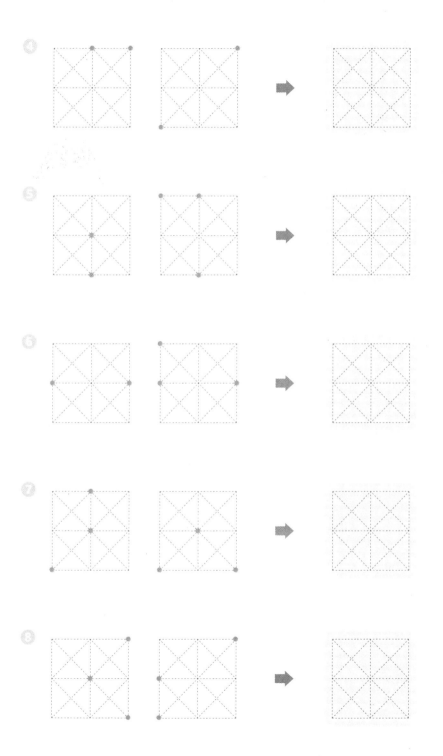

✎ 画出两张透明纸上下重叠后出现的形状。

  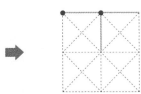

相同位置的两条线重叠在一起之后，看起来像是一条线。

    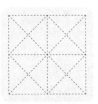

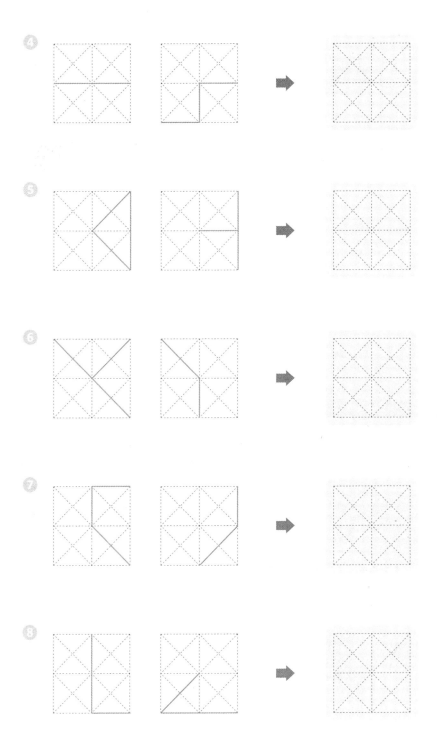

✏️ 画出两张透明纸上下重叠后出现的形状。

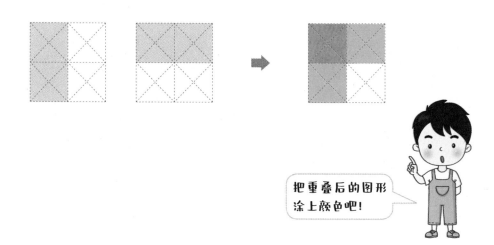

把重叠后的图形
涂上颜色吧!

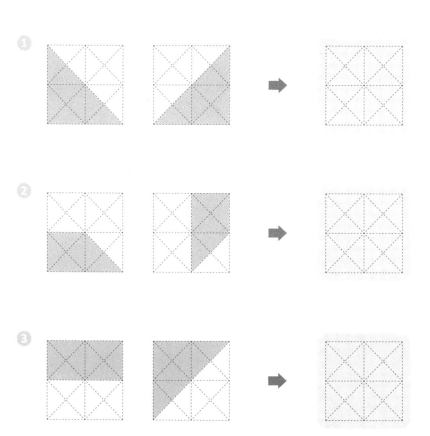

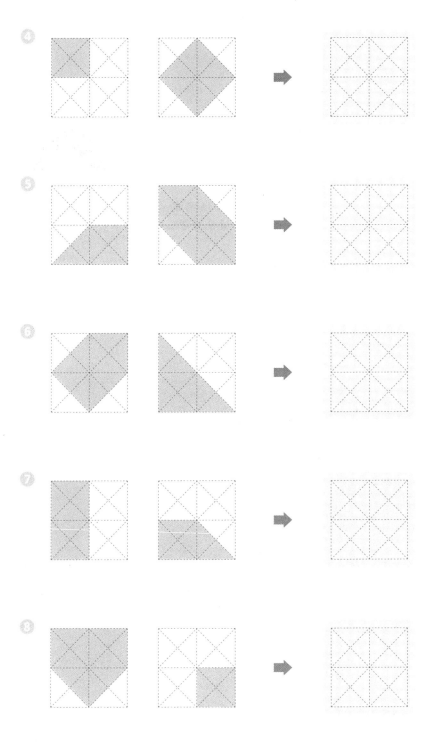

◇ 画出两张透明纸上下重叠后出现的形状。

  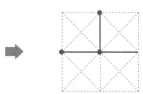

要画上所有的点和线哦，注意不要漏掉了！

❶

❷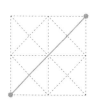

❸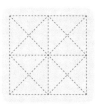

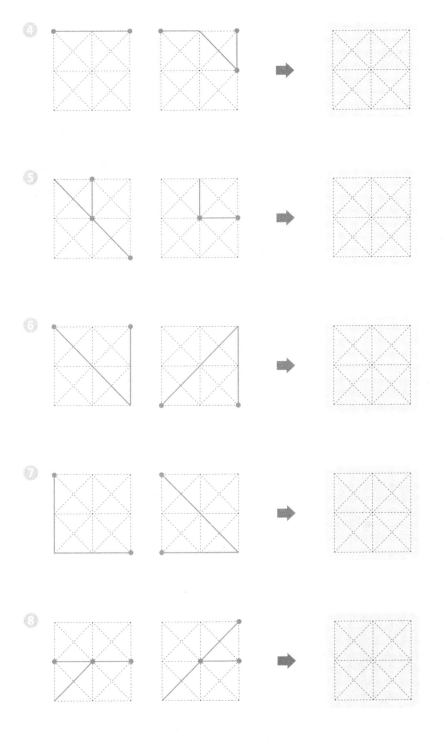

第 5 天　　找出重叠的纸

找出重叠之后能够形成右图的两张透明纸，并用○标出。

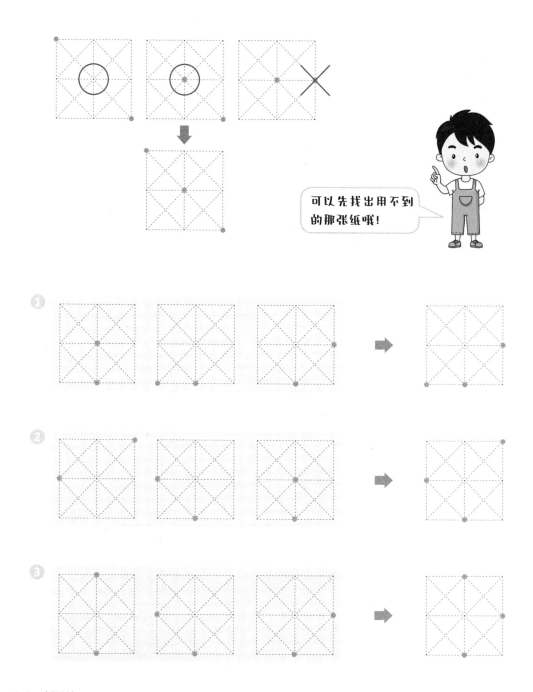

可以先找出用不到的那张纸哦！

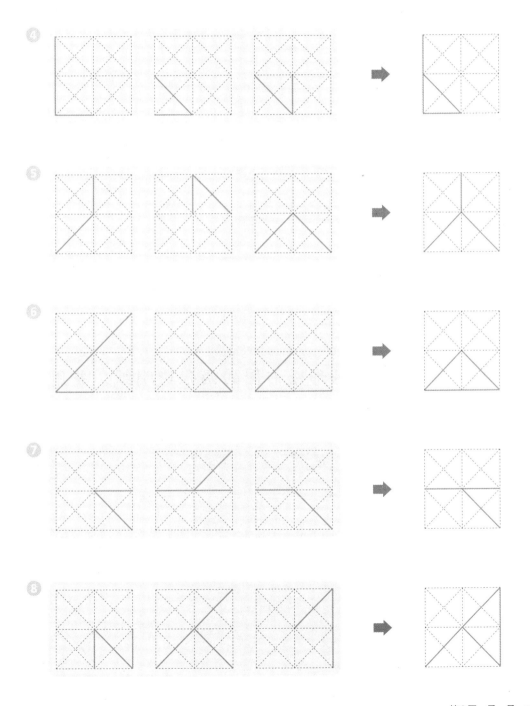

◆ 画出两张透明纸上下重叠后出现的形状。

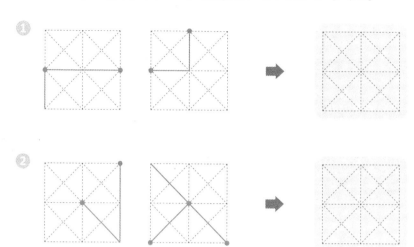

◆ 找出重叠之后能够形成右图的两张透明纸，并用○标出。

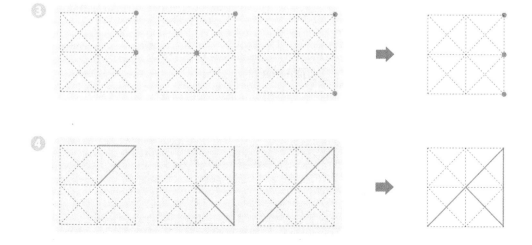

图形的重叠

◆ 画出两张透明纸上下叠压后重叠部分的图形。

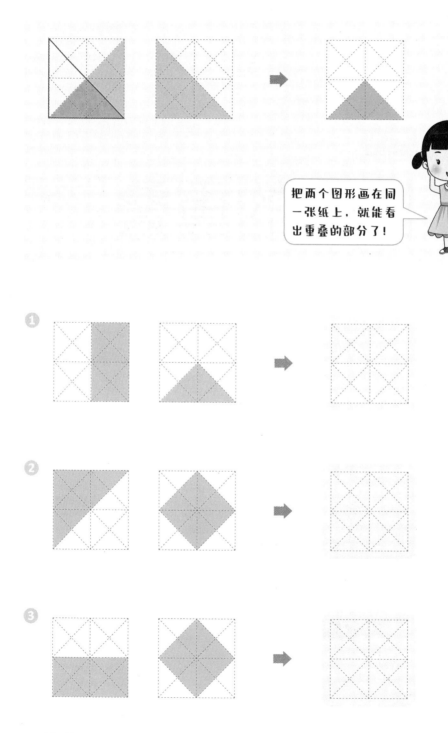

把两个图形画在同一张纸上，就能看出重叠的部分了！

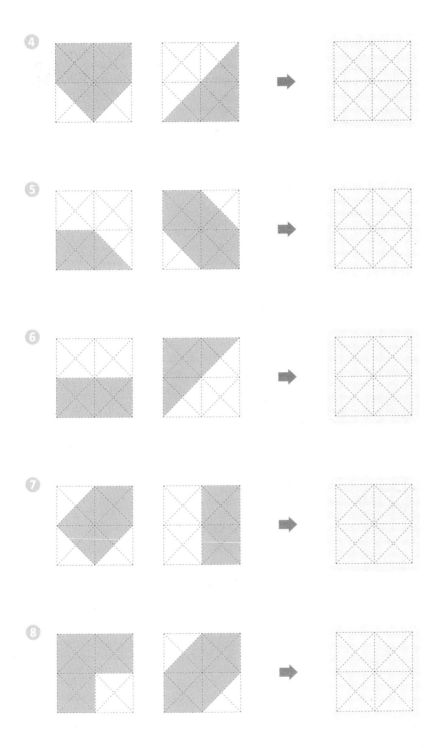

◆ 把图形重叠的部分涂上颜色。

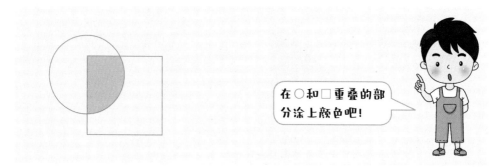

在○和□重叠的部分涂上颜色吧！

①

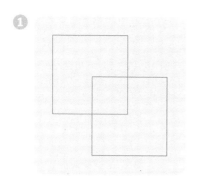

②

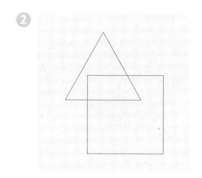

③

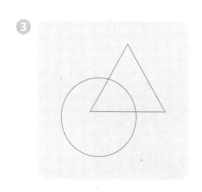

④

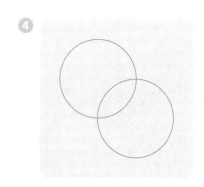

⑤

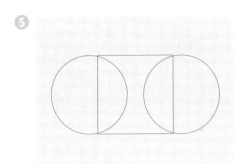

⑥

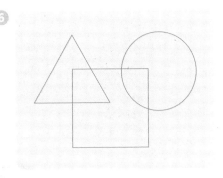

⑦

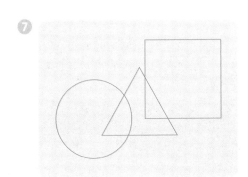

⑧

⑨

⑩

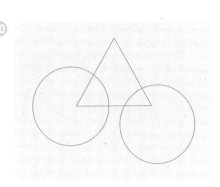

✎ 找出重叠部分所对应的两个图形，并用线连一连。

涂上颜色的是□和△两个图形重叠的部分哦!

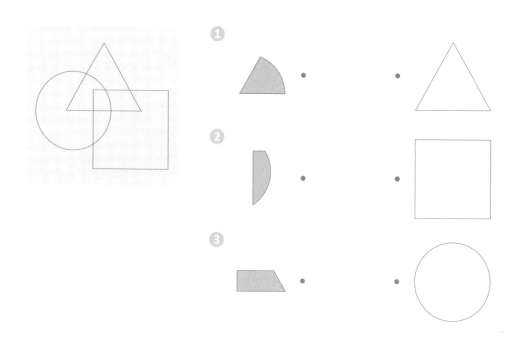

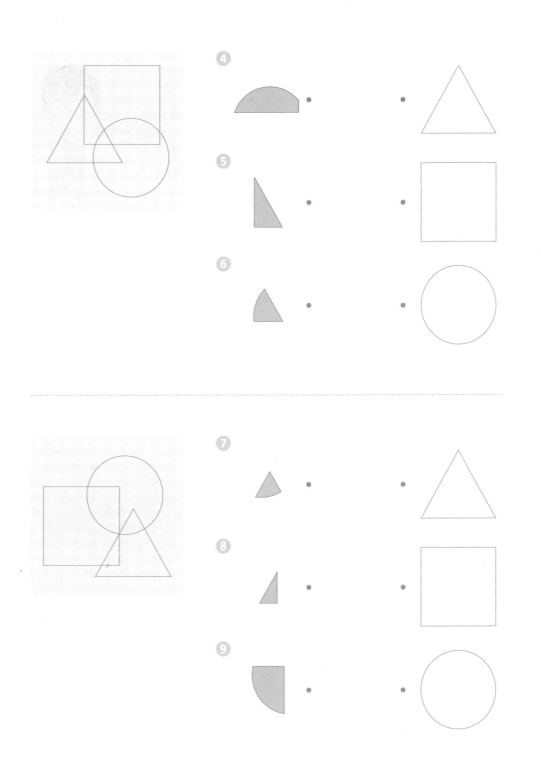

○、△、□叠在了一起，请画出重叠的部分。

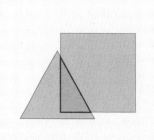

想想下面覆盖的部分，再在上面的图形上画个边框，涂上颜色。

❶
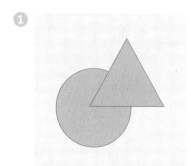

❷

❸
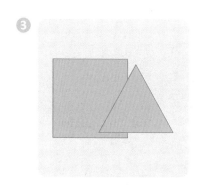

❹
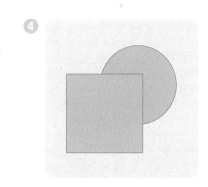

⑤
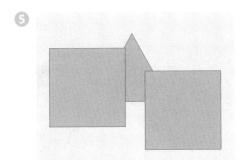

⑥
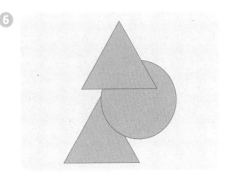

⑦
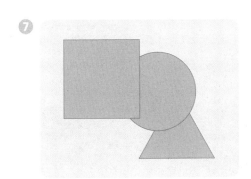

⑧
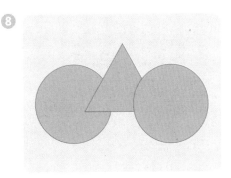

⑨
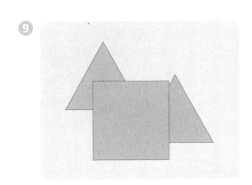

⑩
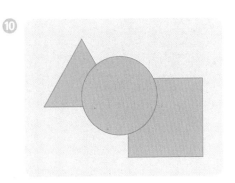

按照上下叠压的顺序在 ☐ 内依次填入 ○、△、□。

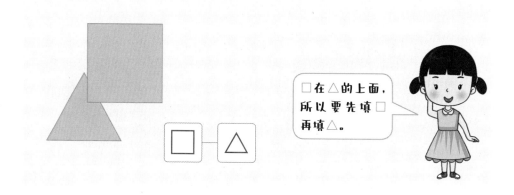

☐ 在 △ 的上面，所以要先填 □ 再填 △。

1

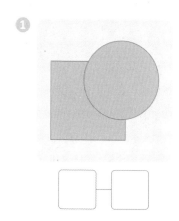

2

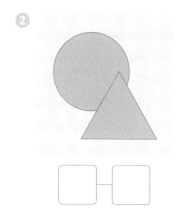

3

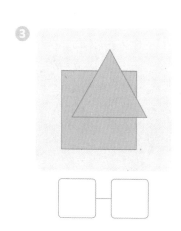

4

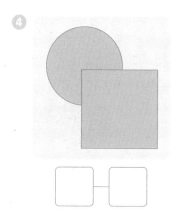

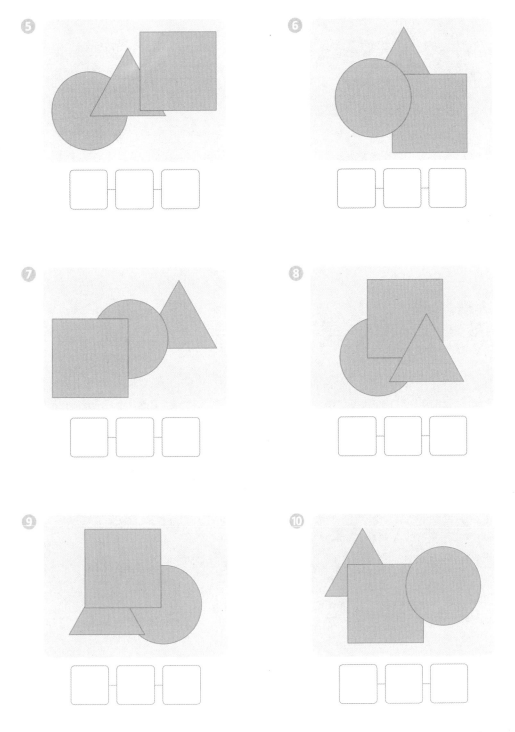

✏️ 找出重叠部分所对应的两个图形，并用线连一连。

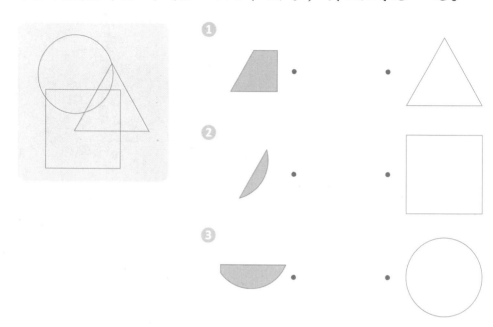

✏️ 按照上下叠压的顺序在 ⬜ 内依次填入〇、△、□。

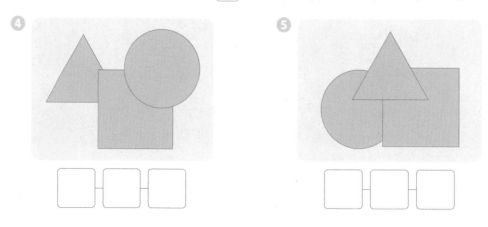

评价测试

此前4周的学习内容会出现在评价测试中。如果题目做错了，请确认是第几周的内容，并认真复习直到学会。

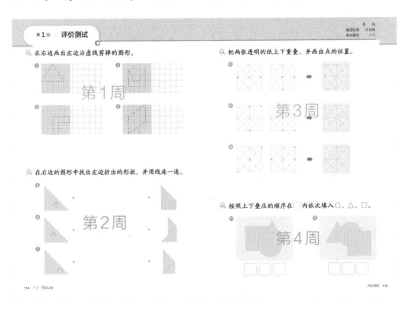

🔍 在右边画出左边沿虚线剪掉的图形。

①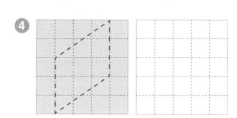

②

③

④

🔍 在右边的图形中找出左边折出的形状，并用线连一连。

⑤

⑥

⑦

把两张透明的纸上下重叠，并画出点的位置。

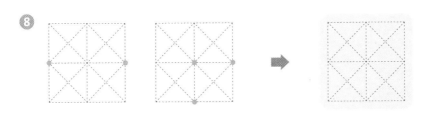

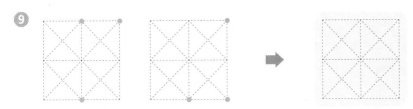

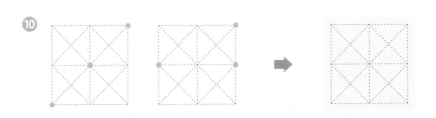

按照上下叠压的顺序在 ☐ 内依次填入○、△、□。

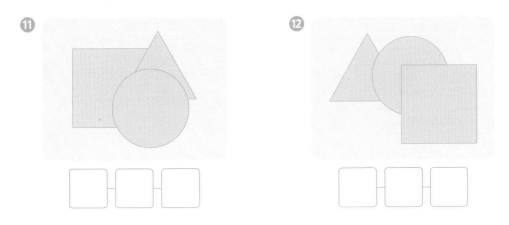

🔍 在右边画出左边沿虚线剪掉中间部分后剩下的图形。

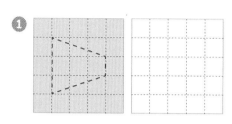

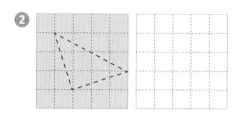

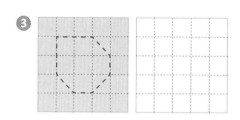

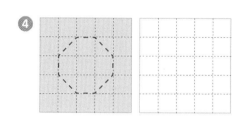

🔍 在右边的图形中找出左边折出的形状，并用线连一连。

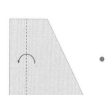

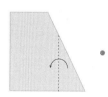

🔍 找出重叠之后能够形成右图的两张透明纸，并用○标出。

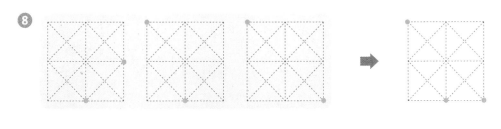

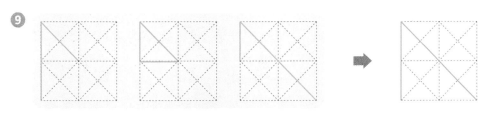

🔍 ○、△、□叠在了一起，请画出重叠的部分。

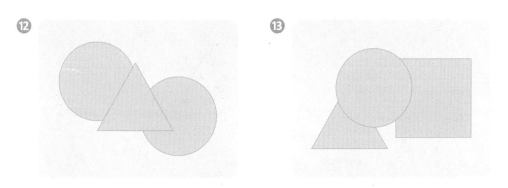

把剪下来的部分和剩下的部分配对，并用线连一连。

①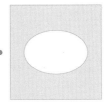

②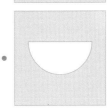

③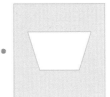

在左边的图形中画出能够折成右边形状的折线。

④

⑤

⑥

⑦

🔍 把两张透明的纸上下重叠，并画出点的位置。

⑧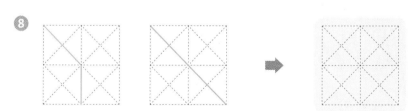

⑨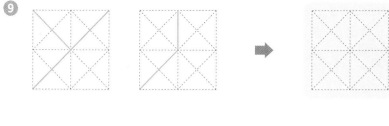

⑩

🔍 按照上下叠压的顺序在 ☐ 内依次填入○、△、□。

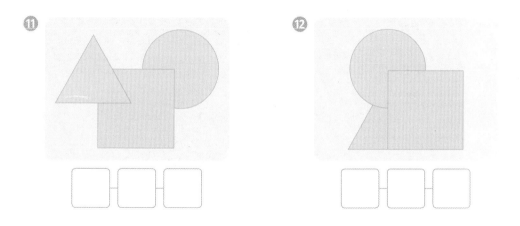

第4回 ： **评价测试**

🔍 在右边画出左边沿虚线剪掉中间部分后剩下的图形。

①

②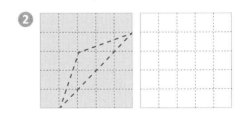

③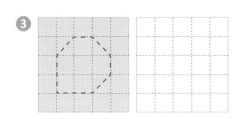

④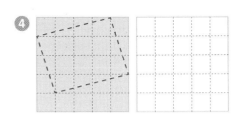

🔍 在图中找出沿虚线对折后的图形，并用○标出。

⑤

⑥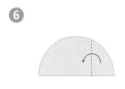

🔍 把两张透明的纸上下重叠，并画出点的位置。

7

8

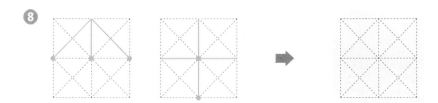

🔍 找出重叠部分所对应的两个图形，并用线连一连。

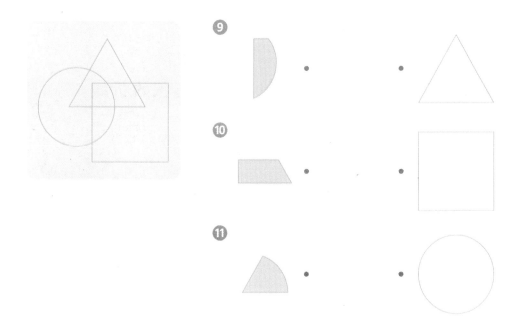

9

10

11

把剪下来的部分和剩下的部分配对，并用线连一连。

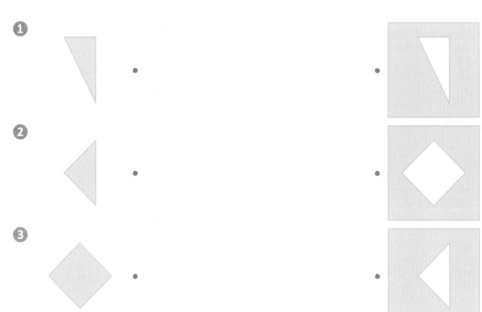

在左边的图形中画出能够折成右边形状的折线。

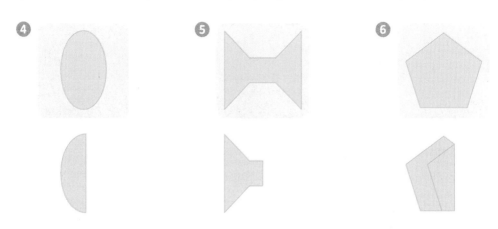

🔍 找出重叠之后能够形成右图的两张透明纸，并用○
标出。

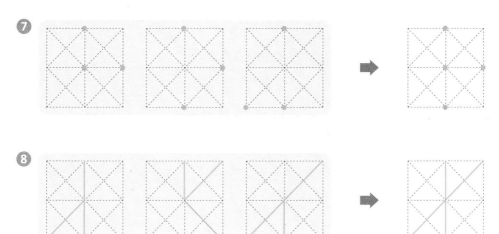

🔍 ○、△、□叠在了一起，请画出重叠的部分。

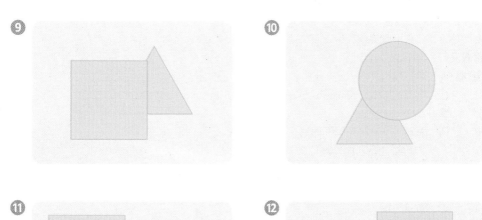

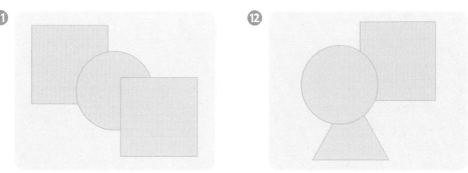

图书在版编目（CIP）数据

空间思维培养全书.1级/韩国C2M教育研究所编;(韩)
赵润雨译.——济南：山东人民出版社，2022.11
ISBN 978-7-209-14017-1

Ⅰ.①空… Ⅱ.①韩… ②赵… Ⅲ.①数学－少儿读物
Ⅳ.①O1-49

中国版本图书馆CIP数据核字(2022)第158237号

空间思维培养全书·1级
KONGJIAN SIWEI PEIYANG QUANSHU 1 JI
[韩]C2M教育研究所 编 [韩]赵润雨 译

主管单位 山东出版传媒股份有限公司
出版发行 山东人民出版社
出 版 人 胡长青
社　　址 济南市市中区舜耕路517号
邮　　编 250003
电　　话 总编室 (0531) 82098914
　　　　　市场部 (0531) 82098027
网　　址 http://www.sd-book.com.cn
印　　装 济南新先锋彩印有限公司
经　　销 新华书店

规　　格 16开 (170mm×240mm)
印　　张 32
字　　数 230千字
版　　次 2022年11月第1版
印　　次 2022年11月第1次
ISBN 978-7-209-14017-1
定　　价 164.00元（4册）
如有印装质量问题，请与出版社总编室联系调换。

空间思维

培养全书

1级

答案

1-2 立体设计 空间认知

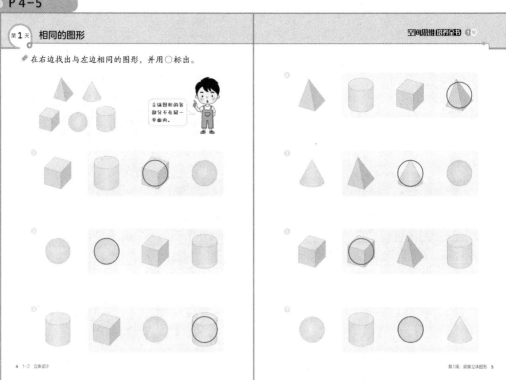

第1天 相同的图形

空间思维培养全书 1级

在右边找出与左边相同的图形，并用○标出。

立体图形的各部分不在同一平面内。

4 1-2 立体设计

第1周：观察立体图形 5

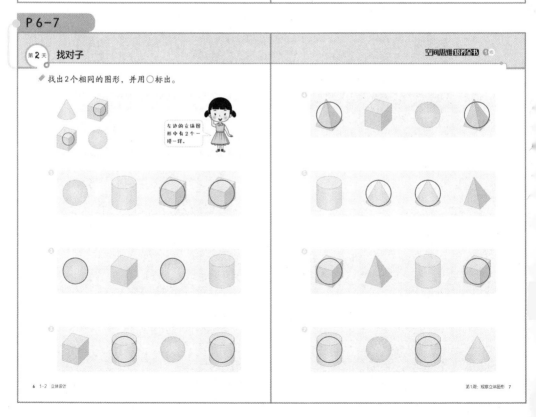

第2天 找对子

空间思维培养全书 1级

找出2个相同的图形，并用○标出。

左边的立体图形中有2个一模一样。

6 1-2 立体设计

第1周：观察立体图形 7

第3天 看局部，猜整体

根据左边给出的部分推断出它对应的整体图形，并用 ○ 标出。

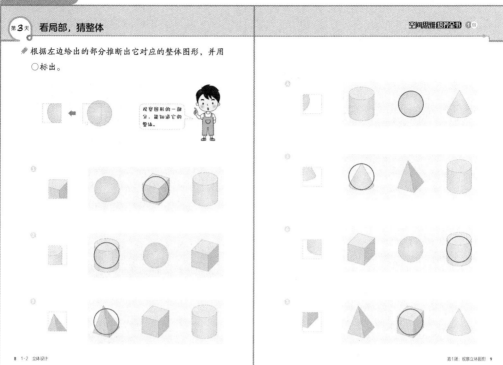

第4天 连一连

把立体图形的部分和整体连起来。

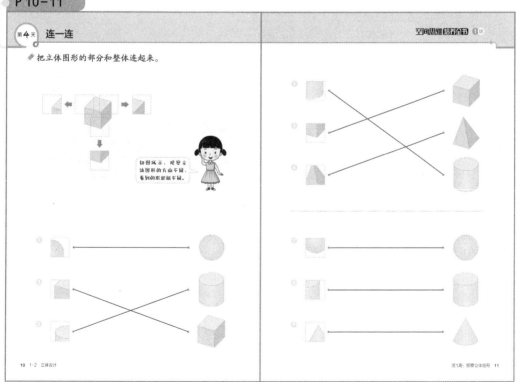

第5天　不同的图形

找出与其他三个不一样的图形，并用 × 标出。

在四幅局部图中，有一幅和其他不一样哦。

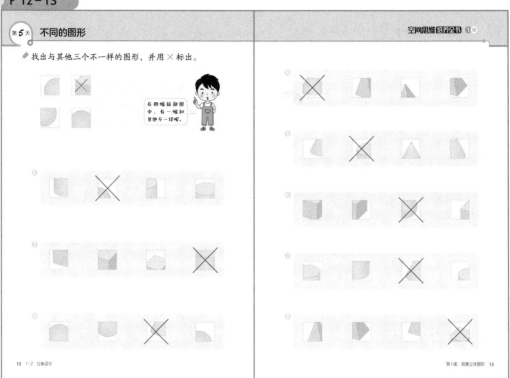

巩固练习

把立体图形的部分和整体连起来。

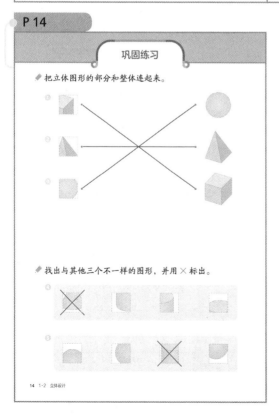

找出与其他三个不一样的图形，并用 × 标出。

第1天 拼一拼（1）

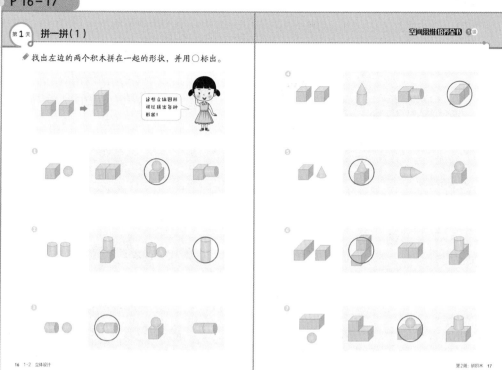

◆ 找出左边的两个积木拼在一起的形状，并用〇标出。

第2天 选出需要的积木

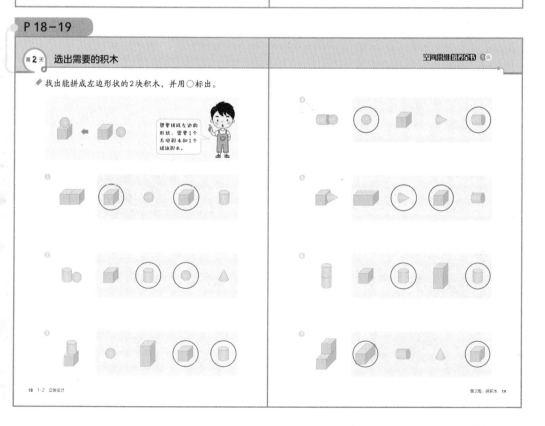

◆ 找出能拼成左边形状的2块积木，并用〇标出。

第3天 拼一拼（2）

◆ 找出左边的积木拼在一起形成的形状，并用○标出。

看！我用3块积木拼了一个有把的杯子。

第4天 挑出不需要的积木

◆ 找出拼成左边图形时不需要的积木，并用×标出。

想要拼出左边的图形，需要2块圆柱体和1块球体积木。

第 *5* 天　找对子，连一连

空间思维培养书 ①级

◆ 找出能够拼成相同形状的积木组合，并将它们连在一起。

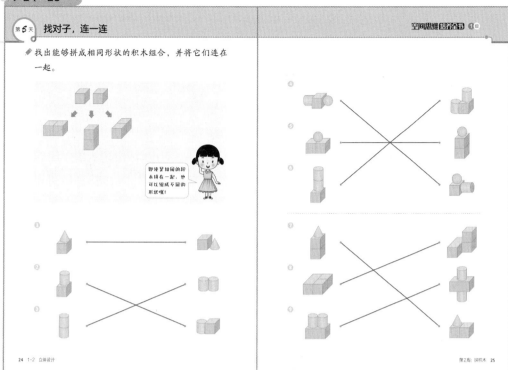

即使是相同的积木拼在一起，也可以组成不同的形状哦！

24　1-2　立体设计

第2周：拼积木　25

巩固练习

◆ 找出能拼成左边形状的2块积木，并用〇标出。

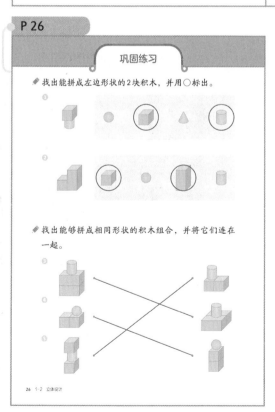

◆ 找出能够拼成相同形状的积木组合，并将它们连在一起。

26　1-2　立体设计

第1天 找出相同的积木（1）

找出与左边相同的积木，并用○标出。

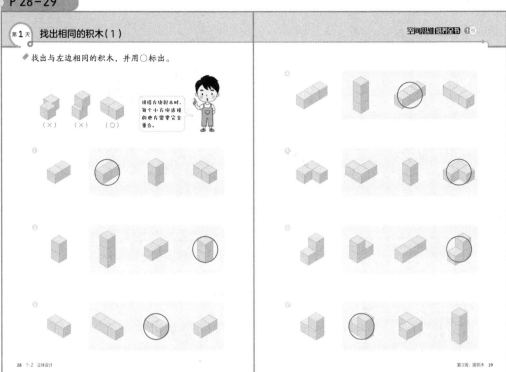

28　1-2　立体设计

第3周：搭积木　29

第2天 找出相同的积木（2）

找出相同的2个积木，并用○标出。

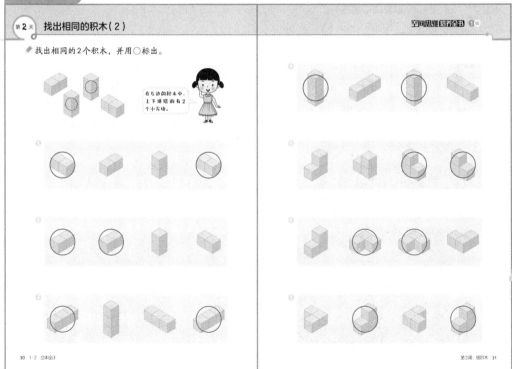

30　1-2　立体设计

第3周：搭积木　31

第3天 找积木，连一连

◆ 找出相同形状的积木，并将它们连在一起。

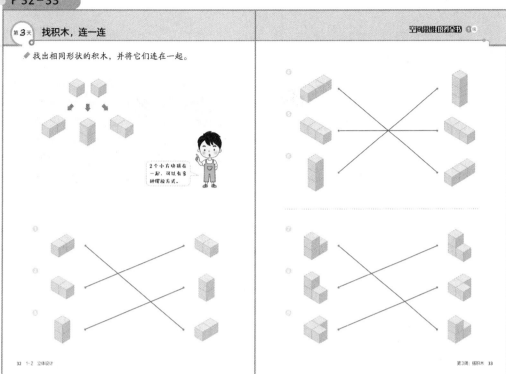

2个小方块拼在一起，可以有多种摆放方式。

第4天 找出小方块（1）

◆ 比较左右两边的积木，在右边的积木中找到多出的1个小方块，并用○标出。

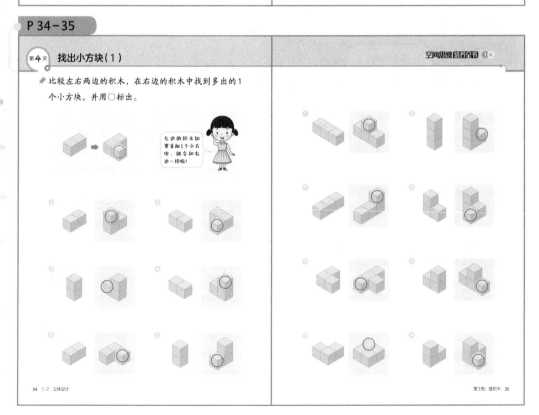

左边的积木如果多加1个小方块，就会和右边一样啦！

第5天 找出小方块（2）

为了使左右两边的积木形状相同，用×标出左边积木中需要减去的1个小方块。

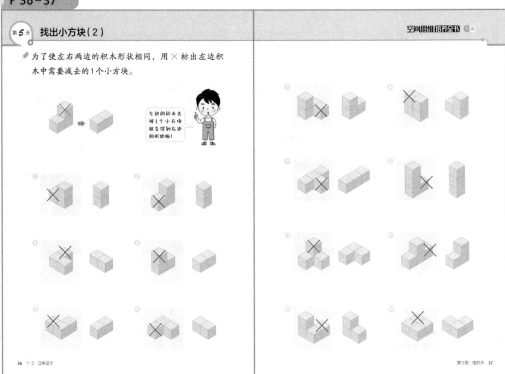

巩固练习

找出相同形状的积木，并将它们连在一起。

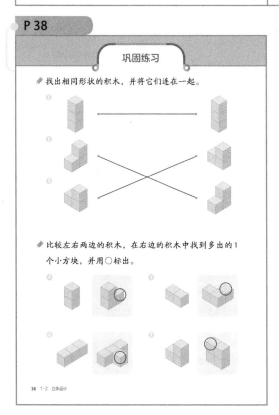

比较左右两边的积木，在右边的积木中找到多出的1个小方块，并用○标出。

第1天 数积木

数出图中所有积木的数量,并填入 □ 内。

仔细数出积木组合中的每一块积木,不要漏掉哦!

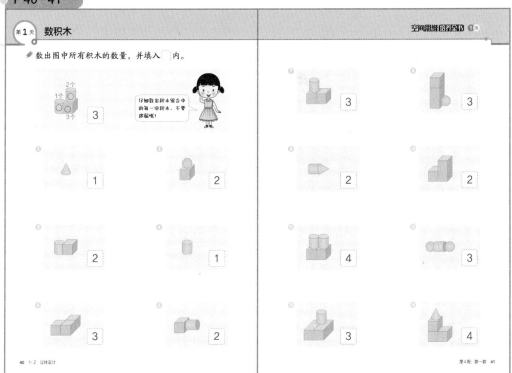

第2天 找出不同的积木(1)

找出与其他三组数量不同的积木组合,并用 × 标出。

虽然形状相同,但细数成数量不一样。

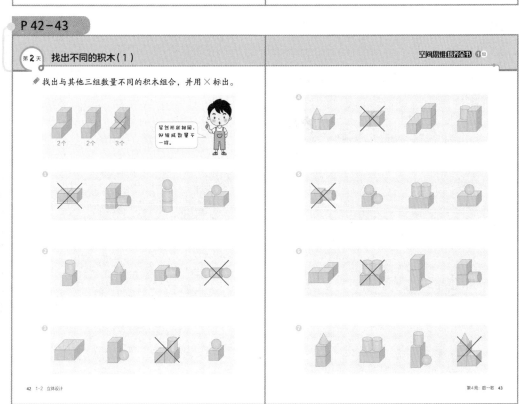

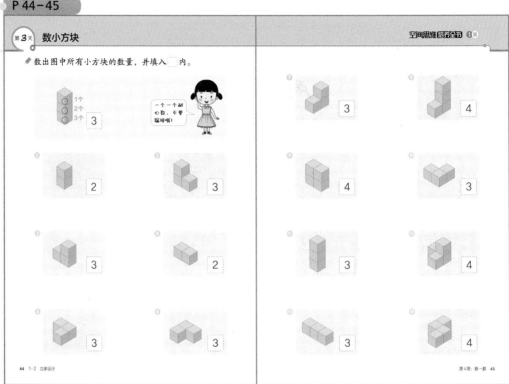

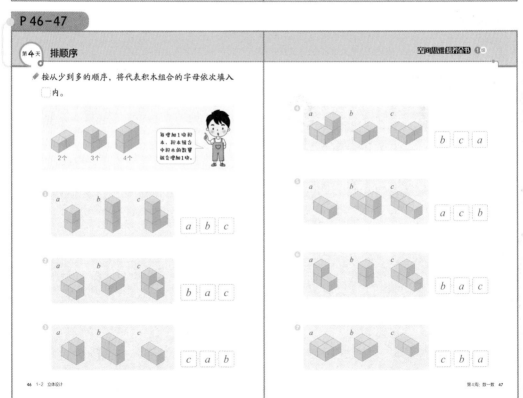

第5天 找出不同的积木（2）

空间思维培养全书 1级

找出图中与其他三组小方块数量不同的积木，并用 ✕ 标出。

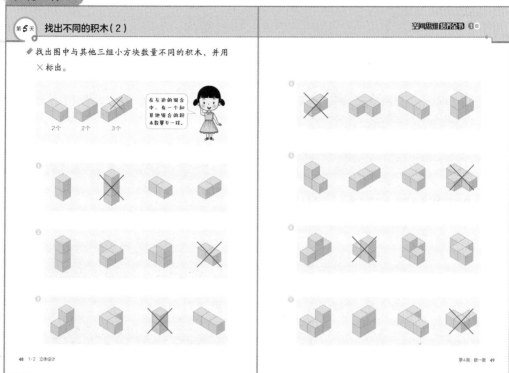

巩固练习

数出图中所有积木的数量，并填入 □ 内。

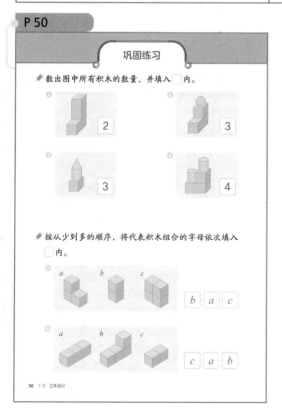

① 2
② 3
③ 3
④ 4

按从少到多的顺序，将代表积木组合的字母依次填入 □ 内。

⑤ a　b　c　→ b a c

⑥ a　b　c　→ c a b

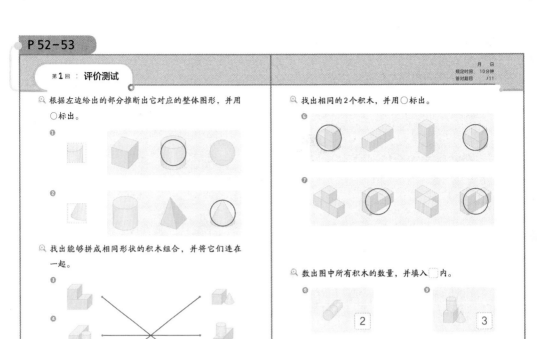

第1回 : 评价测试

月 日
规定时间 10分钟
答对题目 /11

根据左边给出的部分推断出它对应的整体图形，并用○标出。

① ②

找出能够拼成相同形状的积木组合，并将它们连在一起。

③ ④ ⑤

找出相同的2个积木，并用○标出。

⑥ ⑦

数出图中所有积木的数量，并填入□内。

⑧ 2
⑨ 3
⑩ 4
⑪ 3

52 1-2 立体设计

评价测试 53

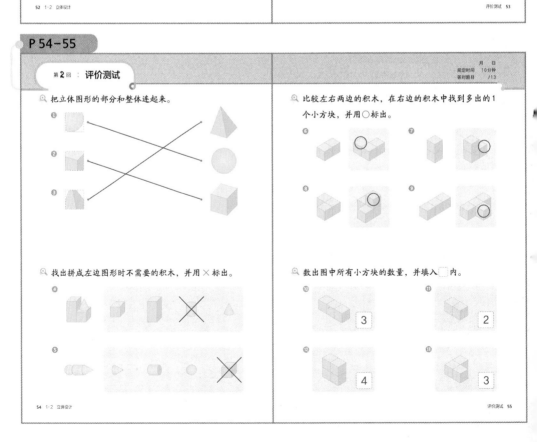

第2回 : 评价测试

月 日
规定时间 10分钟
答对题目 /13

把立体图形的部分和整体连起来。

① ② ③

找出拼成左边图形时不需要的积木，并用×标出。

④ ⑤

比较左右两边的积木，在右边的积木中找到多出的1个小方块，并用○标出。

⑥ ⑦ ⑧ ⑨

数出图中所有小方块的数量，并填入□内。

⑩ 3
⑪ 2
⑫ 4
⑬ 3

54 1-2 立体设计

评价测试 55

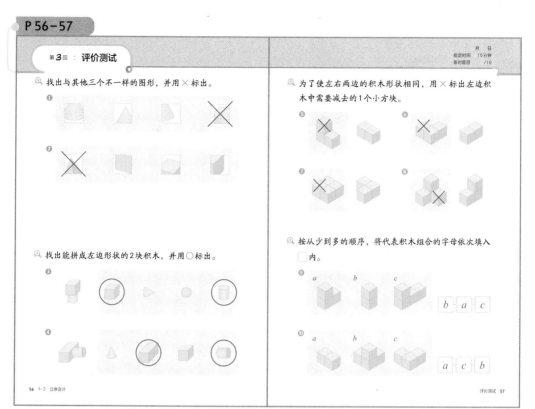

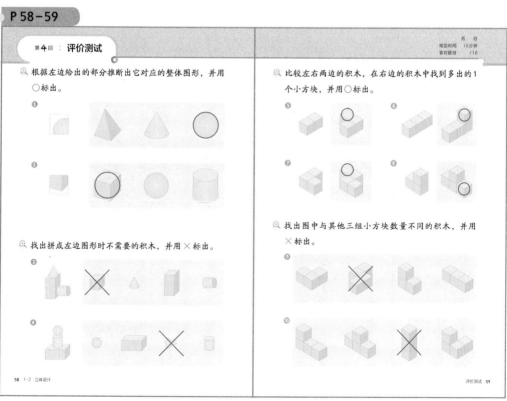

第 *5* 回 ：评价测试

月　日
规定时间　10分钟
答对题目　/11

🔍 找出与其他三个不一样的图形，并用 ╳ 标出。

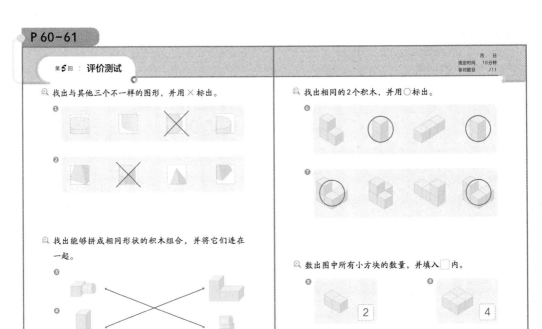

🔍 找出能够拼成相同形状的积木组合，并将它们连在一起。

🔍 找出相同的2个积木，并用〇标出。

🔍 数出图中所有小方块的数量，并填入 ⬚ 内。

⑧ 2

⑨ 4

⑩ 4

⑪ 3

第1天 找出被剪掉的图形

空间思维培养全书 1级

找出沿虚线剪掉的图形，并用○标出。

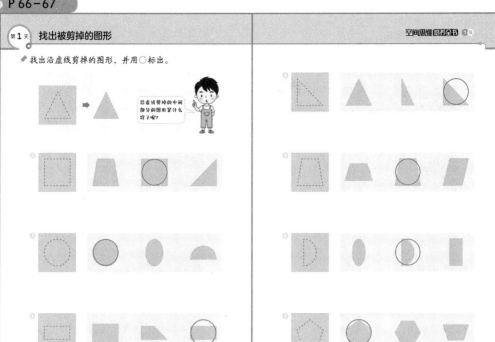

第2天 找出剩下的图形

空间思维培养全书 1级

找出沿虚线剪掉中间部分后剩下的图形，并用○标出。

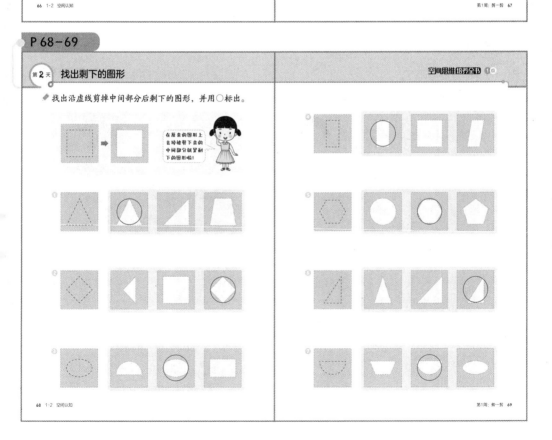

第3天 画出被剪掉的图形

✎ 在右边画出左边沿虚线剪掉的图形。

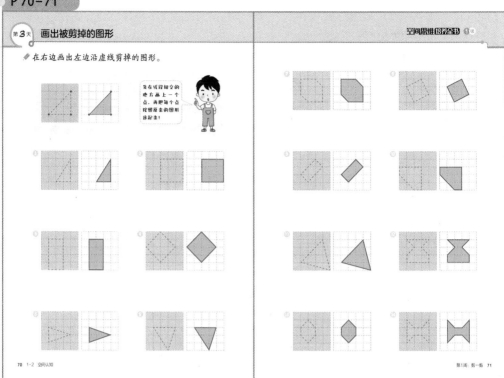

第4天 画出剩下的图形

✎ 在右边画出左边沿虚线剪掉中间部分后剩下的图形。

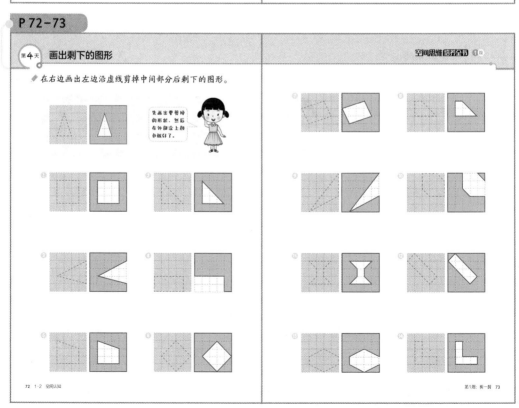

第5天 找对子，连一连

空间思维培养全书 ①

把剪下来的部分和剩下的部分配对，并用线连一连。

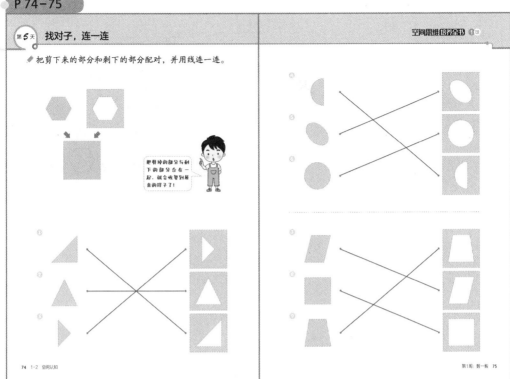

把帮帮的部分与剩下的部分合在一起，就会恢复到原来的样子了！

巩固练习

在右边画出左边沿虚线剪掉中间部分后剩下的图形。

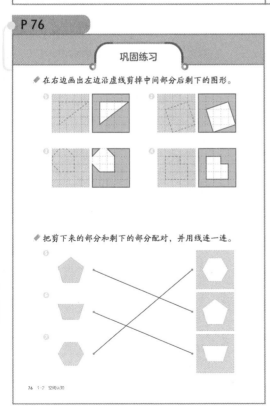

把剪下来的部分和剩下的部分配对，并用线连一连。

第**1**天　完全对折

在图中找出沿虚线对折后的图形，并用○标出。

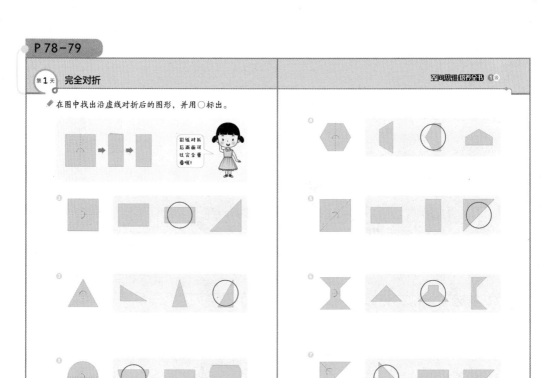

第**2**天　找对子，连一连（1）

在右边的图形中找出左边折出的形状，并用线连一连。

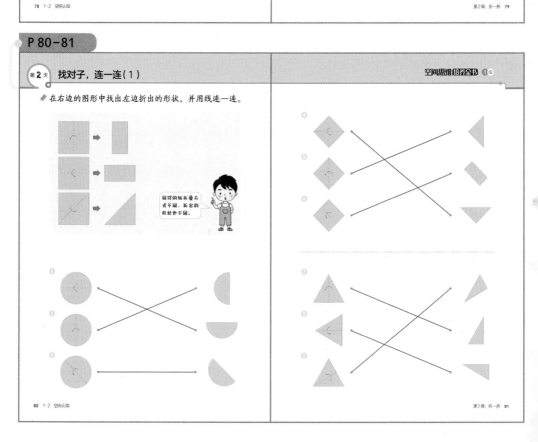

第3天 折偏一点

空间思维培养全书 ❶级

在图中找出沿虚线对折后的图形，并用○标出。

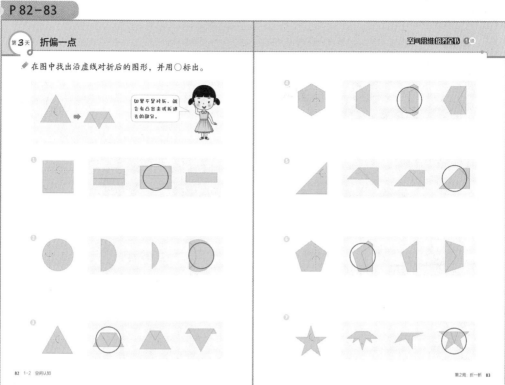

第4天 找对子，连一连（2）

空间思维培养全书 ❶级

在右边的图形中找出左边折出的形状，并用线连一连。

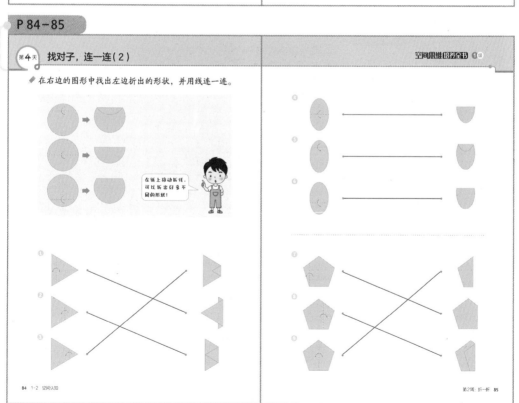

第5天 画折线

在左边的图形中画出能够折成右边形状的折线。

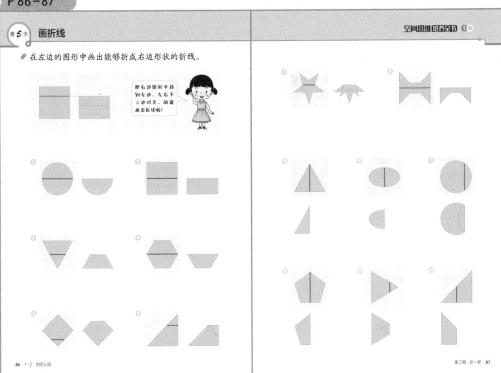

把右边图形平移
到左边，左右下
三边对齐，就能
画出折线啦！

巩固练习

在右边的图形中找出左边折出的形状，并用线连一连。

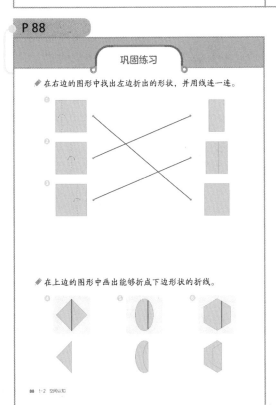

在上边的图形中画出能够折成下边形状的折线。

第1天 点重叠

空间思维培养全书 1级

把两张透明的纸上下重叠，并画出点的位置。

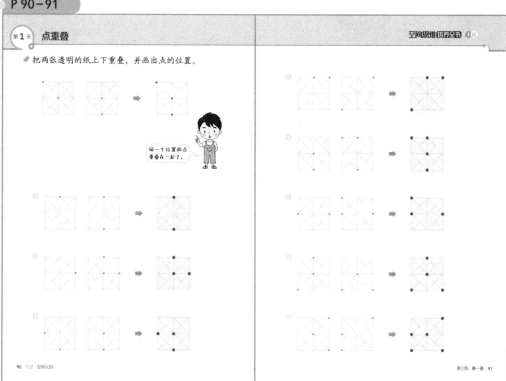

同一个位置的点重叠在一起了。

第2天 线重叠

空间思维培养全书 1级

画出两张透明纸上下重叠后出现的形状。

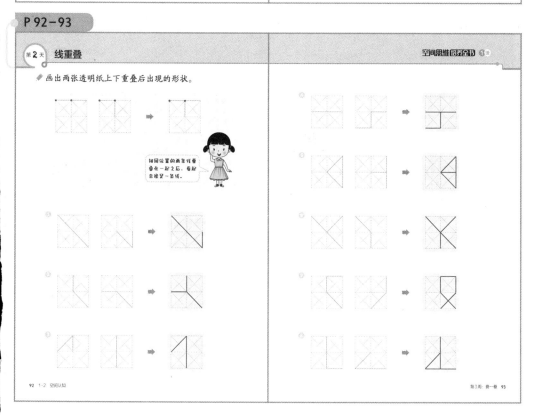

相同位置的画条线重叠在一起之后，看起来像是一条线。

第3天 **面重叠**

◆画出两张透明纸上下重叠后出现的形状。

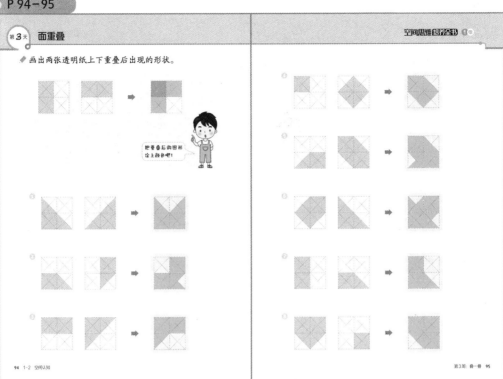

把重叠后的图形涂上颜色吧!

第4天 **点与线的重叠**

◆画出两张透明纸上下重叠后出现的形状。

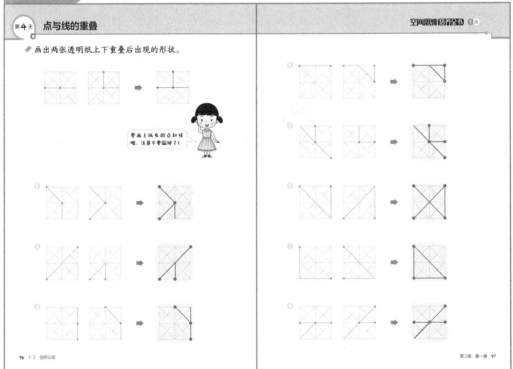

要画上所有的点和线哦,注意不要遗漏了!

第5天　找出重叠的纸

找出重叠之后能够形成右图的两张透明纸，并用○标出。

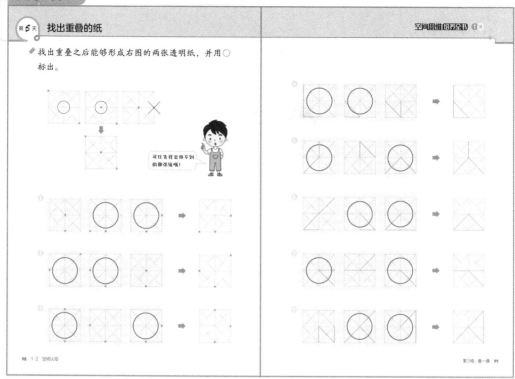

可以先找出用不到的那张纸哦！

巩固练习

画出两张透明纸上下重叠后出现的形状。

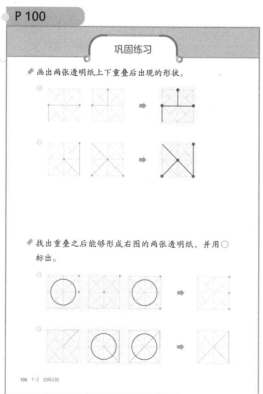

找出重叠之后能够形成右图的两张透明纸，并用○标出。

◆ 画出两张透明纸上下叠压后重叠部分的图形。

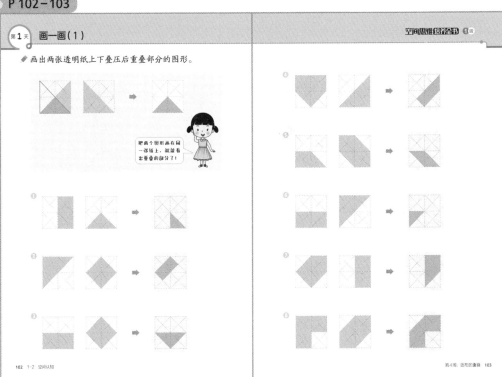

◆ 把图形重叠的部分涂上颜色。

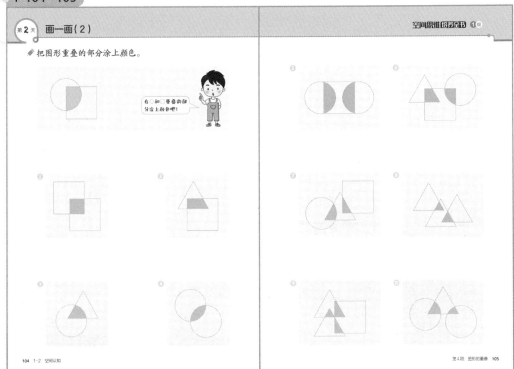

第**3**天 找一找，连一连

◆ 找出重叠部分所对应的两个图形，并用线连一连。

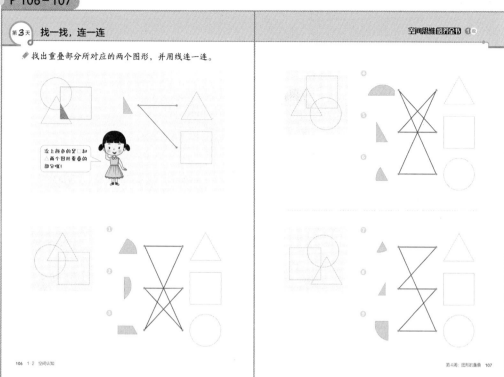

涂上颜色的是□和△画个图形重叠的部分哦！

第**4**天 画一画（3）

◆ ○、△、□叠在了一起，请画出重叠的部分。

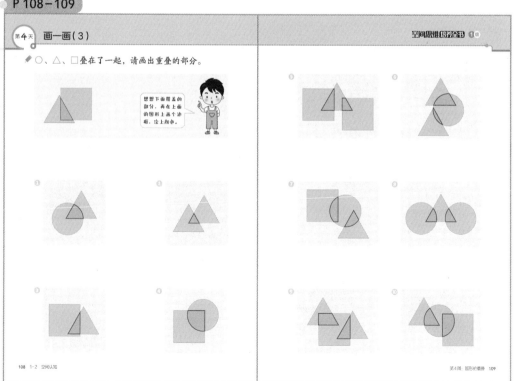

想想下面被盖的部分，再在上面的图形上画个边框，涂上颜色。

第**5**天　找顺序

◆按照上下叠压的顺序在 ▢ 内依次填入 ○、△、□。

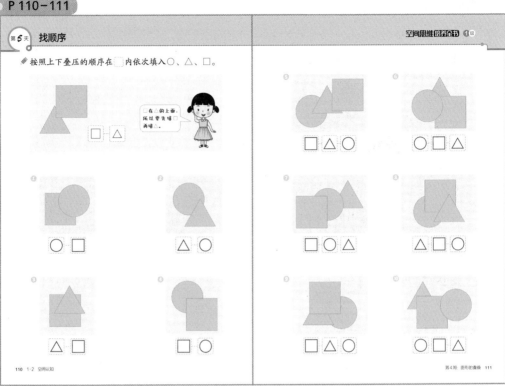

巩固练习

◆找出重叠部分所对应的两个图形，并用线连一连。

◆按照上下叠压的顺序在 ▢ 内依次填入 ○、△、□。

第**1**回 ：评价测试

规定时间　10分钟
答对题目　/12

在右边画出左边沿虚线剪掉的图形。

把两张透明的纸上下重叠，并画出点的位置。

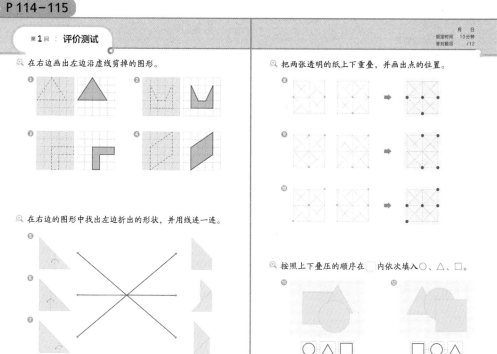

在右边的图形中找出左边折出的形状，并用线连一连。

按照上下叠压的顺序在 □ 内依次填入 〇、△、□。

〇 △ □　　　　□ 〇 △

第**2**回 ：评价测试

规定时间　10分钟
答对题目　/13

在右边画出左边沿虚线剪掉中间部分后剩下的图形。

找出重叠之后能够形成右图的两张透明纸，并用〇 标出。

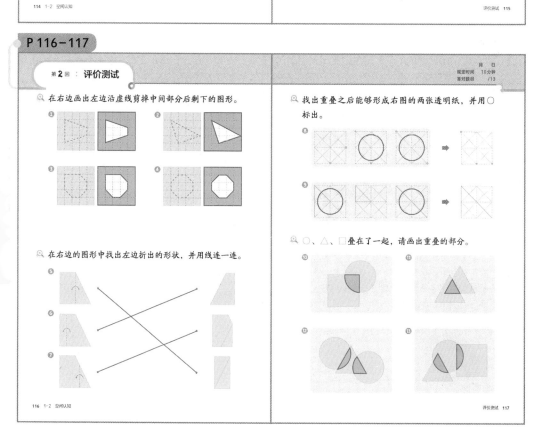

在右边的图形中找出左边折出的形状，并用线连一连。

〇、△、□ 叠在了一起，请画出重叠的部分。

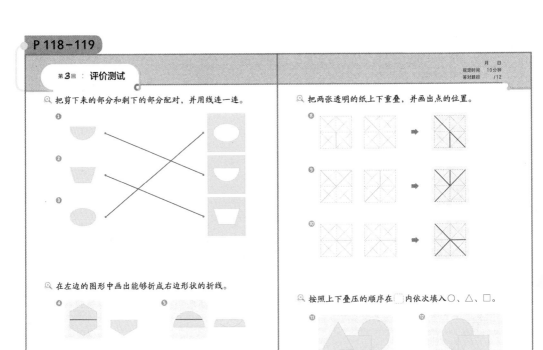

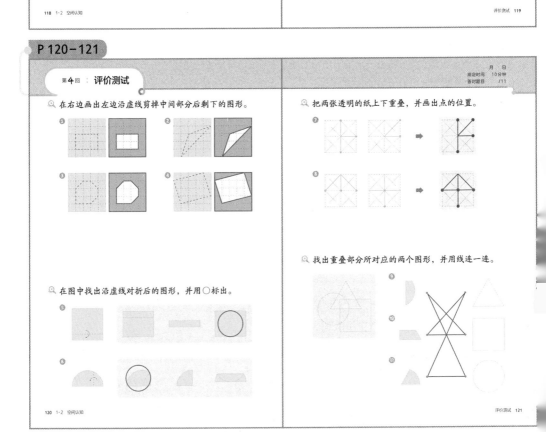

第5回：评价测试

把剪下来的部分和剩下的部分配对，并用线连一连。

在左边的图形中画出能够折成右边形状的折线。

找出重叠之后能够形成右图的两张透明纸，并用○标出。

○、△、□叠在了一起，请画出重叠的部分。

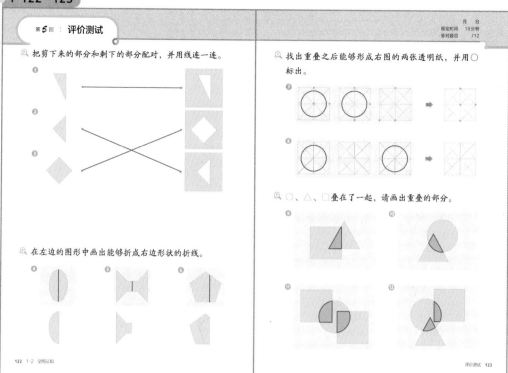